BIBLIOTHÈQUE

RELIGIEUSE, MORALE, LITTÉRAIRE,

DE L'ENFANCE ET DE LA JEUNESSE,

APPROUVÉE

PAR Mᵍʳ L'ARCHEVÊQUE DE BORDEAUX,

Dirigée par M. l'abbé Rousier.

Propriété des Éditeurs,

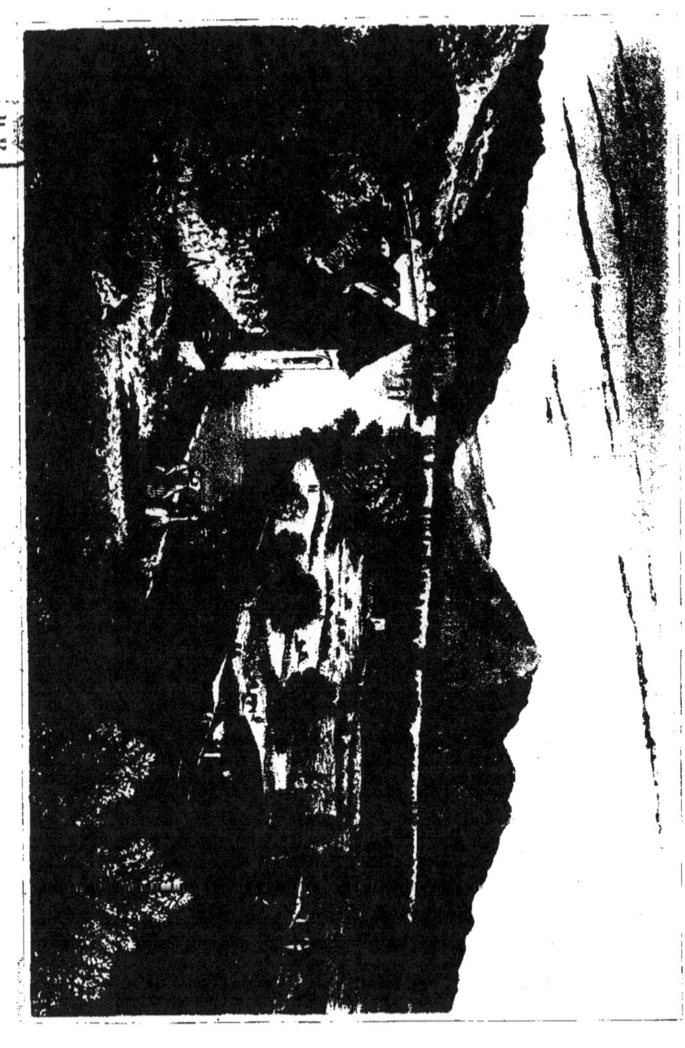

CHEFS-D'ŒUVRE

DE DIEU,

... SUR LE MYSTÈRE DE LA TERRE,

... DELATTRE

LES
CHEFS-D'OEUVRE

DE DIEU,

RÉPANDUS SUR LA SURFACE DE LA TERRE,

Par Ch. DELATTRE.

Paris,		Limoges,
Chez Martial Ardent frères,		Chez Martial Ardent frères,
rue Hautefeuille, 14.		rue des Taules.

1847.

A Eugène **MARBEAU** et Gustave **WAGON**.

mes **Elèves**.

Le désir que vous manifestez de connaître les secrets et les beautés de la création, m'a encouragé à écrire cet ouvrage. C'est pour récompenser votre zèle, et vous remercier en même temps de l'affection que vous me témoignez, que je vous le dédie.

Ch. DELATTRE,

Directeur d'une maison d'éducation, à Fontenay-aux-Roses.

PROLOGUE.

Le 25 juillet 1828 , une voiture élégante , sortie de Paris , par la barrière d'Enfer , suivait la route qui divise , en deux parties presque égales , la plaine sablonneuse de Montrouge ; six personnes y étaient placées , elles ne rompaient qu'à de longs intervalles le silence morne de ce lieu , dont l'aspect triste augmentait visiblement la mélancolie de leurs pensées. Après deux heures de marche , la voiture franchit enfin le grand plateau qui surmonte la

plaine basse de la vallée de la Seine ; elle s'engagea dans un chemin taillé en pente rapide, environné
d'un paysage si frais, si bien accidenté, si agréablement boisé, qu'une exclamation générale se fit
entendre : Quel tableau ravissant ! le beau pays !....
On descendait à Bièvre ; sur la gauche s'élève le joli
buisson de Verrières, à droite les collines ombreuses
du Val profond et de l'Abbaye-aux-Bois ; dans le
fond verdoyant de riantes prairies, rehaussées çà et
là par le cristal des eaux de la Bièvre que le soleil
fait étinceler entre les touffes de saules et de peupliers. Enfin, d'un massif immense d'arbres de tous
pays, s'élancent un clocher à la flèche pyramidale,
et les toits plus humbles des maisons du village.
Bientôt le char rapide laissa derrière lui ce bourg
industrieux autant que pittoresque, pour entrer
dans un chemin qui serpente à mi-côte d'une colline, sous de beaux arbres dont les cimes élevées
tempèrent l'ardeur des feux du midi, sans dérober
à la vue les riches pâturages et les bois voisins. La
pureté du ciel, l'éclat de la lumière, la perspective
ravissante contrastaient tellement avec le morne
désert de Montrouge, qu'une sensation de plaisir et

de bien-être en fut généralement éprouvée ; nos voyageurs se sentirent comme soulagés d'un poids énorme, leurs figures s'épanouirent et prirent une physionomie en harmonie avec la nature riante du site ; quelques mots s'échangèrent, et la conversation s'engageait, lorsque le cocher franchissant tout-à-coup une grille entourée de massifs de lilas et de rhododendrons, tourna autour d'une verte pelouse de gazon fin émaillé de marguerites blanches et roses, puis s'arrêta devant un gracieux perron orné de beaux vases d'hortensia et de géranium.

Plusieurs domestiques, rangés devant le vestibule, s'empressèrent d'ouvrir la portière, et d'aider les arrivans à descendre ; on passa dans un joli salon, et là, M. de Nerville, le plus âgé des six personnages, présentant un trousseau de clefs à une dame qui l'accompagnait, dit : Voici notre retraite, notre demeure n'est-elle pas assez riante et assez commode pour qu'on trouve du plaisir à l'habiter ? — Madame de Nerville soupira, c'était un regret donné au passé Puis se jetant dans les bras de son mari, elle l'embrassa. — Toi et mes enfans, vous me tiendrez lieu de tout, je romps à jamais avec la société qui n'est qu'un monstrueux mélange d'égoïsme et d'hypocrisie déguisés sous les apparences mensongères de la politesse et de l'amitié. — M. de Nerville sourit; tu as tort, dit-il, de prendre un engagement aussi grave; l'humanité tout entière peut-elle être coupable, parce que quelques-uns de ses membres sont ingrats; s'il est de faux amis, il en est aussi de véritables. Le temps, je l'espère, modifiera tes sentimens actuels.

Les quatre autres personnages de la voiture étaient les fils de M. de Nerville. Charles, l'aîné, entrait dans sa dix-huitième année; Henri, le plus jeune, n'avait encore que douze ans. Ils étaient dans le ravissement; le jardin, planté avec un goût exquis, la vue embrassant la jolie vallée de Joui, depuis Bièvre jusqu'aux aqueducs de Buc, dont les belles arcades formaient un fond de perspective grandiose, la proximité de Paris, tout dans cette charmante maison leur plaisait. Aussi commençaient-ils à oublier un peu les impressions tristes sous l'influence desquelles le voyage avait commencé.

Après de longues années de services rendus à la société dans une place éminente, M. de Nerville venait, par suite d'une intrigue, de tomber dans la disgrâce la plus imméritée : son âme pure et vigoureusement trempée, supporta stoïquement ce revers, quoiqu'il le privât d'une partie de sa fortune, mais il n'en fut pas de même de Mme de Nerville et de son fils Charles, cette injustice les affecta d'autant plus vivement, que les provocateurs de l'odieuse mesure qui les frappait, étaient les protégés de M. de Nerville, des hommes qui lui devaient tout, et qui la veille encore de sa disgrâce se proclamaient hautement ses amis. Tant d'immoralité les révoltait ; ils prirent en haine l'humanité, se répandirent contre elle en déclamations amères, dont Gustave, le second des frères, se faisait l'écho, sans trop en comprendre la portée avec son peu d'expérience de 15 ans. Mais rien n'est plus triste que ce sentiment haineux dans de jeunes cœurs, il flétrit la jeunesse, et la porte, soit au désespoir, soit à l'oubli de toute morale et de toute vertu. M. de Nerville avait sondé cette plaie profonde de l'âme de sa femme et de l'aîné de ses fils, et, pour travailler promptement à la guérir, il leur annonça qu'il fallait quitter la capitale, jusqu'au moment où l'éducation de ses enfans serait terminée. Par éducation, il n'entendait pas seulement l'instruction scientifique et littéraire, mais l'éducation morale et religieuse, si négligée de nos jours, quoique plus nécessaire que jamais.

Le départ subit, la crainte d'habiter quelque province très-éloignée, car Madame de Nerville et ses fils ne connaissaient pas le terme de leur course, les sentimens pénibles causés par la souffrance morale d'un cœur dont les illusions se brisent, avaient causé la tristesse de la première partie du voyage.

Une ferme dépendait de l'habitation nouvelle, M. de Nerville s'en réserva la direction, comptant sur l'intérêt qui accompagne les travaux agricoles, pour distraire l'esprit de ses enfans des impressions fâcheuses où il se trouvait. En effet, les détails d'installation de la ferme, d'achat des bestiaux, l'aménagement des étables et des bergeries, les opérations du labourage, de l'ensemencement des terres, excitèrent vivement leur attention. Profondément

instruit dans toutes les branches de l'agronomie,
M. de Nerville expliquait à ses fils les avantages
et les inconvéniens des diverses méthodes de culture.

Il leur démontra l'usage et l'action des instrumens aratoires, le mécanisme de leur construction,
puis les initia aux connaissances chimiques nécessaires à un cultivateur pour analyser ses terres,
et composer les engrais qui leur conviennent le
mieux. L'automne se passa ainsi de la manière la
plus instructive et la plus utile ; mais l'hiver ap-
prochait, et avec lui les longues soirées. C'était
l'époque redoutée par M. de Nerville, car malgré
ses instances les plus vives, sa femme et ses fils
avaient constamment refusé de se lier avec les
familles du voisinage, et n'avaient établi de rapports
qu'avec leurs ouvriers.

Il ne voulait pas cependant les laisser s'endur-
cir dans leur misanthropie. Il choisit donc les
soirées d'hiver pour faire à ses enfans le cours
d'instruction morale et religieuse à l'aide duquel

il espérait guérir leur âme malade, et les réconcilier avec l'humanité. Ce sont les conversations attachantes et pleines d'intérêt qui remplirent ces soirées, que nous rapportons dans cet ouvrage, nous avons eu soin seulement de les transformer en un récit suivi, et de supprimer la division par soirées qui existe dans l'album sur lequel M. Charles de Nerville, le fils aîné, a rédigé les leçons de son père; album, qu'il a bien voulu nous communiquer et nous permettre de rendre public.

LES

CHEFS-D'OEUVRE DE DIEU.

CHAPITRE PREMIER.

La création. — Premier âge de la terre et des planètes, âge d'incandescence. — Deuxième âge du globe terrestre. — Formation des mers primitives. — Apparition de la vie sur la terre — Naissance des végétaux et des mollusques. — Troisième âge du globe terrestre. — Les reptiles. — Quatrième âge. — Création des oiseaux et des mammifères. — Cinquième âge. — Le déluge, apparition des continens actuels, le monde repeuplé.

Dieu.

On était au 15 novembre, et déjà le vent du nord rendait les journées très-froides, la neige tombait par intervalles avec assez d'abondance pour couvrir la terre ; la famille de Nerville, après l'inspection des travaux de la ferme, s'était réunie devant le foyer du salon ; une place seule ne se trouvait pas remplie ; Henri, le plus jeune des frères s'occupait de l'exécution de quelques ordres donnés par son père. Peu après il rentra, tenant avec précaution une masse informe, qu'il posa devant le feu. —

Quel est ce précieux trésor que tu sembles craindre de briser, tant tu prends de soin à le porter, dit Alfred? — C'est un hérisson que le fermier vient de trouver au milieu du fumier; il voulait le tuer avec sa bèche, disant que c'est un ennemi de nos fruits qu'il ne faut pas épargner; mais je l'ai sauvé de ses mains; le pauvre animal est si effrayé qu'il n'ose faire un mouvement.

— Toi et le fermier, vous êtes dans l'erreur, reprit M. Nerville, le hérisson n'est pas effrayé, il est engourdi, c'est dans cet état qu'il doit passer l'hiver. — Quoi! sans manger? — Oui, Henri, sans manger; et lorsqu'au printemps il se réveillera, il choisira pour sa proie, non des fruits ou des feuilles, mais des limaces, des vers et des insectes nuisibles. Ainsi ce pauvre animal n'est pas un ennemi qu'il faut détruire, mais un ami qu'on doit protéger.

HENRI.

Mais, mon père, passer l'hiver sans manger, est-ce donc possible?

M. DE NERVILLE.

C'est un effet de la sagesse de Dieu.... Que serait devenu sans cela le hérisson, pendant une saison où il n'existe aucun insecte.

HENRI.

C'est vrai... mais comment cela se fait-il qu'il ne meure pas ?

M. DE NERVILLE.

Pendant la belle saison , le hérisson fait une chasse abondante ; il devient très-gras , et c'est sa graisse , que des vaisseaux destinés à cet effet , absorbent , qui le nourrissent tant que dure son engourdissement.

HENRI ET SES FRÈRES.

C'est admirable !

M. DE NERVILLE.

Comme toutes les œuvres de Dieu ; si vous les connaissiez , ces œuvres , vous seriez frappés de leur grandeur , de leur étonnante simplicité , et de la sagesse infinie qui a présidé à leur exécution. Le spectacle de la nature est la merveille la plus majestueuse , la plus grande , la plus imposante que puisse admirer l'esprit humain ; rien n'est susceptible de donner à l'intelligence autant de développement , à l'âme autant de calme et de dignité , que la contemplation de ce surprenant spectacle.

CHARLES.

Mon père , nous éprouverions la plus vive reconnaissance, si vous condescendiez à nous décrire ce que l'œuvre de la création a de plus sublime.

M. DE NERVILLE.

Je suis heureux , mon fils , de pouvoir acquiescer à ta demande ; l'étude de la nature sera le texte désormais de nos conversations du soir ; mais avant de parler des œuvres , je commencerai par vous entretenir de leur divin auteur.

Dieu est le créateur de tout ce qui existe, il est la source universelle de la vie. Dieu est éternel, infini , immuable; il est le grand mystère dont notre intelligence ne pourra jamais sonder les profondeurs. Dieu est seul, unique , pur , simple , vaste , présent partout et embrassant l'immensité de l'infini. Toutes les perfections sont en lui ; il est amour, lumière et vie.

Dieu est amour, et c'est pour cela qu'il a créé l'univers ; il a voulu des êtres, des créatures susceptibles d'aimer , de participer à la vie dont il est

l'unique source , à sa félicité qui est l'amour infini.
« L'amour , dit un des écrivains les plus éloquens
» de notre siècle , dans sa philosophie du Christia-
» nisme , l'amour ! voilà le principe de la création ,
» de la vivification , de la conservation de l'univers ,
» et de chaque créature de l'univers. C'est à l'a-
» mour de celui qui nous a aimés le premier que
» nous devons ce que nous sommes , et non au
» besoin qu'il aurait eu d'être glorifié par nous ,
» d'augmenter ou de rehausser sa gloire par l'hom-
» mage de sa créature. Cet hommage rendu libre-
» ment tourne à la gloire et à la félicité de la créa-
» ture intelligente qui l'offre ; mais rendu ou refusé,
» il ne donne ni n'ôte rien à Dieu. »

Je commence par poser ces principes afin que vous
compreniez bien l'œuvre de la création , afin que
vous sachiez que Dieu n'a pas produit l'univers par
nécessité , ou par hasard , ou encore d'après des
essais , des tâtonnemens , comme l'ont prétendu plusieurs philosophes systématiques. Retenez bien que
Dieu a créé spontanément , librement et par amour;
il a créé d'un seul jet , par la simple manifesta-
tion de sa volonté ; il a dit que la matière soit ,
et la matière est sortie du néant , la lumière s'est
formée , les mondes ont roulé dans l'espace ; les
lois qui règlent leur durée , leur cours , leurs rapports , ont existé en même temps ; la vie , le mouvement , ont été versés par torrens inépuisables.

Les lois physiques de l'univers sont les effets providentiels de l'amour divin. C'est en vertu de ces lois
que les mondes ont éprouvé et éprouvent encore
les transformations qui les perfectionnent et qui en
font des Edens pour l'habitation de la créature. Les
révolutions des globes, les successions des races
animales et végétales, n'ont donc point été des
essais, des épreuves pour arriver à un ouvrage
plus parfait, mais l'exécution dans le temps, qui
n'est qu'un point pour l'éternel, de sa volonté
puissante.

Dieu est amour, et sa loi est une loi d'amour,
méditez bien ces deux propositions, mes enfans,
car elles renferment la règle de conduite de chacun de nous. Dieu nous aime, il nous comble de
biens ; il faut donc, sauf à être de méprisables ingrats, que nous l'aimions ; or, l'aimer c'est obéir
à sa loi. Que nous ordonne-t-il dans ses divins pré-
ceptes ? de faire comme lui, d'aimer : « Aimez-
» vous les uns les autres ; ne faites pas à votre
» frère ce que vous ne voudriez pas qu'il vous soit
» fait à vous-même ; aimez votre prochain comme
» vous-même ; » telle est la base des maximes de
l'Evangile. Si vous les suivez, ces maximes, toute
haine s'éteindra en vous ; chaque homme sera votre
frère. S'il pèche contre vous, vous lui pardonne-
rez en le comblant de bienfaits, vous le contrain-
drez à reconnaître ses torts. Mais celui qui s'éloi-

gne des hommes , qui les méprise , qui les maudit parce que ses illusions ont été détruites , parce qu'il a été blessé dans ses affections ou ses intérêts, celui-là se révolte contre la loi de Dieu , et la peine de cette révolte est l'endurcissement du cœur et le désespoir.

La Création.

« Au commencement , Dieu créa le ciel et la
» terre.

» La terre était informe et toute nue ; les ténè-
» bres couvraient la face de l'abîme , et l'esprit de
» Dieu était porté sur les eaux.

» Or, Dieu dit : que la lumière soit , et la lu-
» mière fut ! Dieu vit que la lumière était bonne ,
» et il sépara la lumière d'avec les ténèbres. Et du
» soir et du matin se fit le premier jour.

» Dieu donna à la lumière le nom de jour , et
» aux ténèbres le nom de nuit.

» Dieu dit aussi : que le firmament soit au mi-
» lieu des eaux , et qu'il sépare les eaux d'avec les
» eaux.

» Ainsi Dieu fit le firmament : il sépara les eaux
» qui sont sous le firmament de celles qui sont
» au-dessus du firmament ; et cela fut ainsi.

» Or, Dieu donna au firmament le nom de ciel ;
» et du soir et du matin se fit le second jour.

» Dieu dit encore : que les eaux de dessous le
» ciel se rassemblent en un seul lieu, et que ce
» qu'elles couvrent paraisse à sec. Et cela se fit
» ainsi.

» Dieu donna à ce qui était aride le nom de terre,
» et il appela mers les eaux rassemblées. Et Dieu
» vit que cela était bon.

» Dieu dit encore : que la terre produise de l'her-
» be verte qui porte de la graine, et des arbres
» fruitiers qui portent du fruit, chacun selon son
» espèce, et qui renferment leur semence en eux-
» mêmes, pour se reproduire sur la terre. Et cela
» fut ainsi.

» La terre produisit donc de l'herbe verte qui
» portait de la graine, selon son espèce, et des ar-
» bres fruitiers, qui renfermaient leur semence en
» eux-mêmes, chacun selon son espèce. Et Dieu
» vit que cela était bon.

» Et du soir et du matin se fit le troisième
» jour.

» Dieu dit aussi : qu'il y ait des corps de lumière
» dans le firmament du ciel, afin do séparer le
» jour et la nuit, et qu'ils servent de signe pour
» marquer les temps et les saisons, les jours et
» les années.

» Que ces corps luisent dans le firmament du
» ciel, afin d'éclairer la terre. Et cela fut ainsi.

» Dieu fit donc deux grands corps lumineux, l'un
» plus grand pour présider au jour, l'autre moin-
» dre pour présider à la nuit ; il fit aussi les
» étoiles.

» Dieu mit ces astres dans le firmament du ciel
» pour éclairer la terre,

» Pour présider au jour et à la nuit, et pour
» séparer la lumière d'avec les ténèbres. Dieu vit
» que cela était bon.

» Et du soir et du matin se fit le quatrième
» jour.

» Dieu dit encore : que les eaux produisent des
» animaux vivans qui nagent dans l'eau, et des
» oiseaux qui volent sur la terre, sous le firma-
» ment du ciel.

» Dieu créa donc les grands poissons et tous les
» animaux qui ont vie et qui nagent dans les eaux,
» et qu'elles produisirent chacun selon son espèce:
» et il créa aussi tous les oiseaux selon leur espèce.
» Et Dieu vit que cela était bon.

» Et il les bénit en disant : Croissez et multi-
» pliez, vous qui remplissez les eaux de la mer,
» et que les oiseaux se multiplient sur la terre.

» Et du soir et du matin se fit le cinquième jour.

» Dieu dit aussi : que la terre produise des ani-
» maux vivans, chacun selon son espèce ; les ani-
» maux domestiques, les reptiles et les bêtes sauva-
» ges de la terre, selon leurs différentes espèces.

» Et cela fut ainsi.

» Dieu fit donc les bêtes sauvages de la terre,
» selon leurs espèces, les animaux domestiques et
» tous ceux qui rampent sur la terre, chacun selon
» son espèce. Et il vit que cela était bon.

» Dieu dit ensuite : Faisons l'homme à notre
» image et à notre ressemblance, et que les hommes
» dominent sur les poissons de la mer, sur les oiseaux
» du ciel, sur les bêtes domestiques, sur toute la
» terre et sur tous les reptiles qui rampent sur la
» terre.

» Dieu créa donc l'homme à son image ; il le créa
» à l'image de Dieu et lui donna une compagne.

» Dieu les bénit et leur dit : Croissez et multi-
» pliez-vous, remplissez la terre et vous l'assujétis-
» sez, dominez aussi sur tous les poissons de la mer,
» sur les oiseaux du ciel, et sur tout animal qui se
» meut sur la terre.

» Dieu vit l'assemblage de tout ce qu'il avait fait,
» et il le trouva très-bon.

» Et du soir et du matin se fit le sixième jour.

» Le ciel et la terre furent donc ainsi achevés avec
» tous leurs ornemens.

» Le septième jour, Dieu ayant achevé l'œuvre
» qu'il avait résolu de faire, se reposa après avoir
» formé tous ces ouvrages.

» Il bénit le septième jour et il le sanctifia, parce

» qu'il s'y était reposé après avoir créé et formé tous
» ses ouvrages. »

Tel est l'admirable récit par lequel Moïse commence la Genèse ou l'histoire de la création de l'univers et de la formation des sociétés. Quelle sublime poésie! quelle majesté d'expression et en même temps quelle noble simplicité ! Il semble que le prophète-législateur ait été un des témoins de l'acte sans égal qu'il décrit. Comment douter de l'inspiration divine qui l'animait ? C'est en vain que de prétendus régulateurs de la raison humaine ont cherché à détruire l'authenticité de la révélation qui reportait Moïse vers l'origine de l'univers et le rendait comme le témoin de cet immense fait, *du néant s'animant au feu vivificateur de la parole divine pour produire la nature.* C'est en vain qu'ils ont accumulé les objections, qu'ils ont eu recours à toutes les subtilités du sophisme, la science même dont ils se faisaient une arme s'est tournée contre eux et a renversé les argumens qu'ils croyaient sans réplique. N'est-ce pas par un effet de la volonté suprême, qui veut que la vérité de sa parole triomphe, qu'une science inconnue jusqu'alors, a surgi tout-à-coup, la science de la géologie, dont chaque découverte nouvelle est une confirmation du premier chapitre de la Genèse ?

Le récit de Moïse est simple et à la portée des intelligences les plus faibles, parce qu'il a été écrit pour les intelligences des Hébreux dégradés par le rude esclavage d'Egypte ; mais quelle que soit sa simplicité, il n'en renferme pas moins toutes les belles données sur l'origine du monde que les grandes découvertes des plus vastes génies de notre siècle ont acquises à la science ; c'est ce que je vais vous démontrer, mes amis, en vous développant le tableau des différentes phases des révolutions de notre planète.

Dieu était seul dans le temps et l'éternité, mystère infini pour notre intelligence ; il se suffisait à lui-même, lorsque sa libre volonté lui fit créer l'univers. Il voulut, et à l'instant même, du néant sortit la matière, elle exista, et avec elle, comme je vous l'ai déjà dit, les lois qui la régissent. Dès ce moment, matière et forces naturelles se mirent en mouvement, travaillèrent, débrouillèrent le cahos, sortirent de la confusion et subirent les diverses transformations qui devaient les conduire à l'état où nous les voyons actuellement. Dieu, toute puissance sans bornes, aurait pu d'un seul mot créer le monde, tel qu'il est, dans un espace de temps immesurable ; mais le temps n'étant rien pour l'Eternel, il laissa aux lois physiques leur action dans l'arrangement des mondes, de là les six jours ou six époques employées par Dieu à la création, selon Moïse.

Dieu créa le ciel et la terre, c'est-à-dire l'espace

et la matière, l'expression du législateur hébreu
est juste, car ce que les physiciens nomment l'espace, le vulgaire l'appelle ciel. C'est dans l'espace
que roulent les mondes emportés dans leur course
rapide et sans terme.

Ainsi comme la Genèse, les physiciens reconnais-
sent au monde deux grands élémens primitifs, l'espace et la matière.

Ils définissent l'espace, l'immensité sans bornes
et sans limites qui entoure la matière, et ils re-
connaissent que l'espace est immatériel, pénétrable,
infini et indivisible. L'espace, dit l'illustre Pascal,
est un cercle immense dont la circonférence est
partout, et le centre nulle part ; pensée profonde
qui semble presque rendre sensible l'infini.

L'espace est indivisible, car comment trouver
une fraction d'une étendue qui n'a ni commencement ni fin ; l'espace est pénétrable, propriété qui
lui était indispensable pour que la matière pût se
diviser et se mouvoir.

Voici maintenant les propriétés affectées à la matière : elle est limitée, divisible, impénétrable. La
matière est limitée, car elle est contenue dans l'espace ; or, deux infinis ne pourraient être l'un dans
l'autre, tout contenu est limité par son contenant.

La matière est divisible, c'est-à-dire susceptible
d'être séparée en portions différentes, soit en étendue, soit en quantité.

Enfin la matière est impénétrable, propriété que les physiciens expriment en disant qu'il est impossible à deux portions de matière d'être dans le même point de l'espace au même moment. En effet, un corps matériel ne peut en traverser un autre qu'en le divisant, qu'en en séparant les parties ; mais il ne peut pas se mettre dans le premier sans division préalable. Ainsi un clou n'entre dans une poutre qu'en écartant le bois et en se frayant une voie ; nous n'avançons dans l'air qu'en divisant l'air, en l'écartant et en occupant la place où il se trouvait avant notre mouvement.

Dieu créa l'espace, la matière et leurs propriétés ; telle aurait été l'expression du prophète s'il eût parlé à des savans. Dieu créa le ciel et la terre, c'est la même expression adaptée à des intelligences moins éclairées.

La terre était informe et toute nue ; les ténèbres couvraient la face de l'abîme.

Admirable image qui nous dépeint avec concision et vérité le cahos, c'est-à-dire l'état de la matière sortant du néant ; tout alors était mêlé, confus, l'attraction qui commençait à agir produisait des courans, des mélanges fortuits et sans adhérence : les formes n'existaient pas.

Or, Dieu dit que la lumière soit ! et la lumière fut.

Ce passage a semblé long-temps une contradiction

aux faits scientifiques : comment, disait-on, la lumière peut-elle exister avant le soleil qui en est la principale source?

Aujourd'hui cette objection n'en est plus une : les découvertes d'Herschell, ont prouvé que le soleil est un corps opaque et non lumineux. La lumière provient des vibrations d'un fluide subtil nommé éther, fluide qui remplit l'intervalle des corps célestes, et dont le mouvement est la cause des phénomènes lumineux, calorifiques, électriques et magnétiques. La plupart des physiciens regardent actuellement la lumière comme produite par les ondulations de l'éther. Dieu créa donc l'éther, cause de la lumière, avant de séparer le soleil de la masse matérielle encore informe.

Du soir et du matin se fit le premier jour. Ici, faut-il par jour entendre une intervalle de vingt-quatre heures, un de nos jours? Non... — D'abord parce que la durée du jour est calculée d'après la révolution de la terre sur son axe, d'après le mouvement apparent du soleil; or, le soleil n'était pas encore créé. Soir et matin, doit signifier le commencement et la fin de la première époque de l'existence de l'univers; jour, le temps de cette époque écoulé entre la sortie de la matière du sein du néant, et la création de l'éther ou sa séparation de la matière, car il est dit : Dieu sépara la lumière des ténèbres, c'est-à-dire l'éther, cause de la lumière, de la matière opaque et par conséquent ténébreuse.

Dieu dit aussi : « Que le firmament soit au milieu des eaux, et qu'il sépare les eaux d'avec les eaux. »

Nous ne pouvons voir autre chose dans le firmament, que l'atmosphère immense qui dut se former autour du cahos matériel ; atmosphère, surchargée de vapeurs de toute espèce et séparant en effet les vapeurs flottantes dans sa masse, des liquides bouillonnant tant à la surface que dans le sein de la matière en agitation et sans forme.

Dieu donna au firmament le nom de ciel, et du soir et du matin se fit le second jour.

C'est dans ce second jour ou seconde époque, que la matière cahotique paraît s'être divisée, répandue dans l'espace et agglomérée en corps plus ou moins volumineux selon l'attraction moléculaire qui s'opéra. Cette grande révolution par laquelle le cahos est organisé, qui enfante des mondes, peuple l'espace de myriades de globes dont le volume effraie l'imagination, à quelle cause peut elle être assignée, sinon à la volonté infiniment puissante d'un Dieu !

A cette époque, Moïse abandonne ce qui regarde la création universelle, pour ne plus s'occuper que de notre monde solaire et de la terre en particulier.

Les astres, les planètes, vivent de leur vie individuelle, les uns et les autres subissent des révolutions qui les rendent susceptibles de devenir l'habitation d'êtres organisés, mais ces révolutions exigent plusieurs séries de siècles, plusieurs époques, aussi le livre saint a-t-il soin de les énumérer, de parler de l'apparition des eaux, du soleil, des étoiles, de la création des végétaux, des poissons, des reptiles, des oiseaux, des animaux terrestres, et enfin de l'homme.

Je vous démontrerai, dans notre prochain entretien, que l'ordre assigné par Moïse à la création des diverses classes d'êtres de notre globe, est aussi celui que la science géologique a constaté.

Premier âge de la terre et des Planètes, âge d'incandescence.

Ces premières conversations de M. de Nerville avec ses fils, excitaient puissamment leur intérêt ; ils recherchaient avidement l'occasion de les renouveler. La parole de ce bon père produisait déjà le fruit qu'il en attendait. Par un retour sur lui-même, Charles se vit en opposition directe avec la loi divine, et si l'amour de l'humanité n'échauffait pas encore entièrement son cœur ulcéré, du moins il ressentit quelque adoucissement dans l'éloignement qu'il éprouvait pour la société. De ce premier degré

de guérison , résulta plus de douceur , plus d'amé-
nité dans ses rapports avec les ouvriers et autres
subordonnés , employés dans la maison. M. de Nerville s'aperçut bientôt de ce changement moral, et
il redoubla d'efforts pour le rendre complet.

Le lendemain du jour où M. de Nerville expli-
qua la création générale et fit ressortir les faits
scientifiques du premier chapitre de la Genèse , il
parla de la formation du globe terrestre et des planètes de notre système solaire.

Mes enfans , dit-il ,

Vous savez que l'espace renferme deux sortes de
corps célestes, les soleils ou étoiles et les planètes.

Les soleils sont des sphères immenses , centres
d'ondulations éthérées lumineuses, d'où s'échappent
des rayons qui parcourent l'espace et vont éclairer
les planètes. Les soleils étaient appelés autrefois
étoiles fixes , parce qu'on les croyait immobiles ;
mais il est aujourd'hui démontré, que tous les corps
célestes ont un mouvement de progression dans
l'espace.

Les planètes , dont le nom vient du mot grec
planètes , (planètos), qui signifie errant , sont des globes opaques , qui réfléchissent la lumière irradiée
par le mouvement des soleils. De même que les
étoiles, les planètes doivent être en nombres prodigieux , car chaque soleil doit servir de centre de

gravitation à plusieurs d'entre elles, mais nous ne connaissons que les planètes de notre système solaire, parce que l'éloignement des autres ne nous permet pas de les apercevoir ; nous jugeons de leur existence par analogie. Notre soleil étant une étoile destinée à servir de centre lumineux et attractif aux onze planètes qui l'entourent, il est permis de présumer qu'il en est de même des autres soleils, qui ont certainement leur part d'action dans l'accomplissement des volontés divines ; et nous ne pouvons admettre que des sphères d'un volume qui effraie l'imagination, placées à des distances si grandes dans l'espace, que nos meilleurs instrumens d'optique les découvrent à peine, aient été créées dans le seul but d'être utiles à la terre, qui n'est qu'un atôme relativement à elles.

Onze planètes gravitent dans leur orbite elliptique autour du soleil. Ce sont : Mercure, Vénus, la Terre, Mars, Vesta, Junon, Cérès, Pallas, Jupiter, Saturne, Uranus appelée encore Herschell, du nom du célèbre astronome anglais qui a découvert son existence.

Le soleil et ses onze planètes, sortis de la masse du cahos, au même instant, se sont groupés d'après leur pesanteur. Le soleil, dont la masse surpasse celle de toutes les onze planètes et comètes réunies, de son système, occupa le centre, les autres globes se placèrent autour de lui, obéissant

2.

à l'attraction qu'il exerça aussitôt sur eux , et les
distances qu'ils occupèrent furent en raison de leur
densité , de sorte que Mercure , qui est le plus
dense , se trouva le plus près. Mais si le soleil attira
les planètes , les planètes exercèrent aussi une attraction sur lui et en même temps les unes sur les autres. De ces attractions combinées , jointes au mouvement rapide et rectiligne qui animait probablement la masse catotique au moment de sa division ,
résultèrent les orbites que les planètes décrivent autour du soleil , sans altération dans la circonférence
de ces orbites , malgré l'accumulation des siècles.
On démontre en physique , par une expérience très-
simple , comment l'attraction solaire , unie à la tendance des planètes à reprendre le mouvement rectiligne primitif, produit la marche circulaire ; il suffit d'attacher une balle à une corde , puis d'imprimer
un mouvement circulaire à ce petit appareil, la main
et la corde retenant la balle , remplissent le rôle attractif du soleil , et la tendance de la balle à s'é-
chapper en ligne droite , est analogue à la même
tendance chez les planètes , de là vient le mouvement de rotation de la balle. Or , si la main aban-
bonne subitement la corde , on voit la balle s'éloi-
gner , en décrivant une ligne parfaitement droite au
moment du départ , nul doute donc que la main
et la corde ne fussent cause de la rotation. Il en
est de même de l'attraction solaire , et si elle venait

à cesser , chaque planète sortirait à l'instant de son orbite , en suivant une ligne droite à partir du point de l'orbite qu'elle occcupait.

Que de grandeur et de simplicité dans l'effet comme dans la cause ! Quelle sagesse infinie dans l'arrangement de ce mécanisme !

Le soleil et les planètes en mouvement autour de lui , ont donc été retirés du cahos et lancés dans l'espace au même instant , fait prouvé par leur arrangement et leur marche uniforme.

Ces grands corps étaient-ils tous alors dans le même état , c'est ce que nous allons rechercher.

Les planètes et le soleil sont des corps, puisque l'on donne le nom de corps à toute portion de matière libre et limitée par des surfaces. Les corps quels qu'ils soient ne peuvent exister que sous trois états ; l'état solide , l'état liquide , l'état gazeux ou aériforme.

Les corps solides que l'on fait tourner rapidement et circulairement sur eux-mêmes , ne changent pas de forme , à moins qu'ils ne soient excessivement élastiques ; or, les planètes ayant toutes une forme plus ou moins sphériques , si elles étaient solides en sortant du cahos , elles n'ont dû éprouver aucune altération à leur surface et être aujourd'hui telles qu'elles étaient alors , mais l'étude du globe terrestre prouve qu'il n'en a pas été ainsi. Donc les planètes n'étaient pas à l'etat solide à leur naissance, ou bien il y eu exception pour la terre.

Le globe terrestre n'étant pas solide, il n'a pu être que liquide ou gazeux, et peut-être l'un et l'autre à la fois.

Tout prouve en effet qu'il a été primitivement dans ces deux premiers états, et l'on ne conçoit pas pourquoi il n'en aurait pas été ainsi des autres planètes.

Un corps liquide ou gazeux qui se meut rapidement et circulairement sur lui-même, prend la forme d'une sphère ou d'un sphéroïde, c'est-à-dire d'un globe plus ou moins aplati aux extrémités de son axe de rotation, et renflé à son centre ; n'est-ce pas là en effet la figure de la terre et des planètes, figure due au mouvement de rotation sur elles-mêmes, que les planètes reçurent conjointement au mouvement de gravitation, autour du centre attractif solaire ? La terre et les autres planètes étant sphériques et ayant un mouvement de rotation, elles ont donc reçu cette forme parce qu'elles étaient en liquéfaction.

Appelez actuellement, à l'aide de votre intelligence, les notions de physique qui vous ont été données dans les cours du collége, vous vous souviendrez que le calorique, un des quatre fluides impondérés, agens généraux de la nature, ou si vous l'aimez mieux, suivant une autre théorie plus rationnelle, un des quatre phénomènes produits par l'éther en combinaison avec la matière ; vous vous souviendrez, dis-je, que le calorique est la cause de l'état liquide et de l'état gazeux des corps.

Des masses telles que la terre et les planètes mises en liquéfaction et en vapeurs ! Quelle prodigieuse accumulation de calorique n'a-t-il pas fallu pour produire un semblable phénomène ? Quel imposant spectacle devaient présenter aux intelligences célestes, ces globes incandescens parcourant rapidement l'espace ? Un soleil de feu jetant ses rayons sur des sphères de feu qui semblent vouloir rivaliser d'éclat avec lui. Et au sein de ces mondes en ignition, quels impétueux mouvemens ? quelles tempêtes horribles ? Des jets de flammes, des vagues de métaux brûlans s'élançant dans un atmosphère de vapeurs épaisses, également incandescentes ; des chocs électriques, des détonations épouvantables, capables de briser en éclats les plus hautes des montagnes de notre âge ; des combinaisons et des décompositions instantanées, l'or, le fer, l'argent liquide s'unissant au soufre, bouillonnant, se vaporisant, prenant place au sein des vapeurs atmosphériques, retombant en pluie brillante et lumineuse. Désordre, cahos, choc des élémens, incendie, foudres éclatantes, tels étaient les phénomènes qui déchiraient les entrailles, la surface, et les abîmes atmosphériques des jeunes mondes naissans.

Cependant les siècles passaient, la cause qui avait produit la température incandescente des globes planétaires, n'agissait plus sur ces globes depuis leur sortie hors du sein ténébreux du cahos; soumis aux lois physiques imposées par le créateur à la matière, ils se refroidissaient peu à peu L'atmosphère commençait à se purifier; une grande quantité de substances métalliques et de substances minérales, que la chaleur maintenait à l'état de gaz, devinrent liquides, se précipitèrent sur l'océan de feu formant la masse la plus dense, le noyau planétaire; une croûte solide naissante sépara peu à peu les vapeurs flottantes des métaux brûlans et liquides. Alors une lutte terrible s'engagea entre le noyau brûlant et l'enveloppe solide qui tendait à l'ensevelir sous sa vaste voûte. Des gaz comprimés sous les terrains nouveaux, se livrant à leur force d'expansion, déchirèrent çà et là les couches solidifiées et cristallisées; des roches de quartz, des aiguilles granitiques se soulevaient et se transformaient en montagnes, poussées qu'elles étaient par le bouillonnement intérieur; puis les sommets de ces hauteurs s'ouvraient et donnaient passage à des torrens de laves embrasées, à des fleuves de métaux en fusion; alors les montagnes s'écroulaient avec fracas, et elles disparaissaient dans l'abîme bouillonnant qui repreuait, comme un conquérant, sa domination primitive à la surface de la planète. Des îles de granit se cristallisaient ensuite au milieu de la mer de feu, l'attraction moléculaire et le refroidissement les étendaient, les unissaient, rétablissaient la voûte écroulée ; d'autres montagnes se formaient pour éprouver d'autres déchiremens et disparaître sous l'action incessante et destructive des commotions intérieures. Ce n'était qu'instabilité, que création et ruines de continens qui s'essayaient à surgir du sein de l'abîme. Au milieu de cette lutte de l'enveloppe solide et de la masse brûlante planétaire, s'écoula encore une seconde période de siècles.

Deuxième âge du globe terrestre. — Formation des mers primitives, apparition de la vie sur la terre. — Naissance des végétaux et des mollusques.

Enfin, l'Océan de feu fut vaincu, ses vagues de métaux brûlans, emprisonnés dans une sphère de granit, ne se jouèrent plus au milieu de l'air, soulevés en marées de laves par l'attraction combinée de la lune et du soleil, ou accumulés en vagues mugissantes, en trombes sulfureuses par les tempêtes atmosphériques. Le calorique primitif qui pénétrait la matière planétaire se dissipait peu à peu dans l'espace selon les lois du rayonnement. Mais que de révolutions devait encore subir la surface

solide de la terre avant que d'être apte à servir
d'habitation à l'homme? Faible encore, cette surface
éprouvait d'horribles secousses causées par l'expansion des vapeurs, par l'agitation du noyau central
brûlant. Quelle force ne devait-il pas avoir alors,
ce centre terrestre en ignition, puisqu'après tant de
siècles écoulés, il produit encore, dans l'âge où nous
sommes, les tremblemens de terre et les éruptions
volcaniques? Ses convulsions intérieures ont élevé
vers les cieux les pics pyramidaux dont la tête, couronnée de glaces et de neiges perpétuelles, domine
la région des nuages. La chaîne des Alpes dont le
réseau couvre l'Europe, les étages de monts abruptes et sourcilleux, entassés dans l'Asie centrale,
doivent leur existence à la puissance expansive des
vapeurs qui s'échappaient de l'abîme central enflammé.

Quelquefois ces vapeurs déchiraient la voûte terrestre après l'avoir secouée avec fureur; des jets de
feux s'élançaient aussitôt avec force, la matière
métallique en fusion surgissait au dehors, se répan-
dait en nappe étincellante, se solidifiait et ainsi
augmentait çà et là l'épaisseur de l'enveloppe
granitique.

Cependant la masse planétaire liquide ne pouvait
se refroidir et se solidifier sans que l'atmosphère
n'éprouvât aussi un abaissement considérable dans
sa température; alors il subit une première épura-

tion. Les vapeurs se condensèrent, l'oxigène s'unit à l'hydrogène et forma l'eau, l'eau primitive chargée de chaux, de potasse et d'une multitude de matières acides, oxidées, salines. Des nuages aux flancs noirs s'accumulèrent, la foudre éclata dans tous les points du ciel avec le plus horrible fracas, la plus épouvantable des tempêtes sembla vouloir anéantir le globe, des torrens d'eau se précipitèrent, roulèrent avec fracas sur les pics de granit, rongèrent leurs flancs, entraînèrent des blocs de rochers, remplirent les bassins naturels, débordèrent, couvrirent, envahirent toute la surface du globe... L'Océan existait... mais plus vaste qu'il ne l'est de nos jours, l'eau partout, une mer sans rivage, point d'autres terres que des îles de peu d'étendue, semées sur l'immensité des ondes et marquant la direction des plus hautes chaînes de montagnes primitives. Après le feu, l'Océan dominait. Ce fut là le premier des grands cataclysmes qui bouleversèrent notre globe, l'ère des déluges venait de s'ouvrir.

L'air, débarrassé de cette masse énorme de liquide, prit de la transparence; la lumière du soleil, les rayons lunaires et stellaires purent le traverser; les roches, les eaux pour la première fois brillèrent des teintes qu'ils empruntent aux rayons lumineux.

C'est l'apparition de ces admirables foyers producteurs de la lumière, que le prophète décrit dans l'œuvre du quatrième jour; car en effet le soleil n'avait pu encore verser sur notre globe ses rayons et la vie, et il sembla naître pour la terre quand s'opéra la dépuration de l'atmosphère.

Quelle dût être brillante, cette lumière, lorsque ses premiers flots descendirent sur le sein immense du vaste Océan? Nos yeux ne pourraient supporter un éclat aussi vif que celui qu'elle avait alors, car l'air n'avait pas les mêmes élémens que nous lui connaissons aujourd'hui, et le carbone (*) entrait pour une quantité considérable dans sa composition; or le carbone, substance très-combustible, est doué d'une grande puissance de réfraction, témoin le diamant!

La température du globe était encore très-élevée, celle de la surface du peu d'îles qui existaient, modérée par l'énorme évaporation de l'Océan, dépassait la température des régions équatoriales actuelles. L'eau, la chaleur, et la lumière se combinant, la vie ne devait pas tarder à apparaître. Elle se signala dans la forme végétale; les conditions nécessaires pour la vie animale n'existaient pas encore. Les rochers exposés au choc des vagues océaniques se colorèrent en vert par l'accumulation

---

* . Le carbone ou charbon est un des 54 corps élémentaires de la chimie moderne.

du globule végétal atomistique, premier élément de
la plante. Bientôt les molécules vertes s'agglomé-
rèrent, produisirent des ulves, des conferves, d'immenses sargassum et autres fucacées (*). Des débris
de ces végétaux, naquirent sur la plage des mousses, des fougères, mais bien différentes des humbles
plantes que nous désignons sous ce nom ; l'énergie
vitale des végétaux, favorisée par l'humidité, la
chaleur et surtout par l'atmosphère carbonique,
était alors si grande, que l'élévation des géans de
nos forêts serait égalée par ces mousses et ces
fougères du premier âge de la vie. Les bambous,
les rotans, les palmiers, végétèrent aussi à cette
époque et atteignirent des proportions non moins
gigantesques.

Des couches profondes de l'écorce de notre globe,
le savant Brongniart a exhumé les débris de la
botanique de cet âge primitif, et l'absence totale
d'animaux au milieu de ses débris, l'impossibilité
où ils auraient été de vivre, prouve la vérité du
récit du législateur hébreu, qui affirme positivement
que les herbes et autres plantes furent créées avant
les animaux.

Cependant un immense travail s'opérait, celui de
la formation des continens ; les eaux de l'Océan
primitif déposaient peu à peu, par suite du refroi-

(*) Plantes marines

dissement progressif, les sels de chaux et autres qu'elles contenaient ; les molécules salines, attirées principalement par les montagnes sous-marines, se déposaient en couches horizontales sur leurs flancs, s'étendaient sur leurs racines, haussaient le fond de l'Océan, augmentaient la circonférence des îles, comblaient l'intervalle des petites vallées de séparation, unissaient les archipels en un tout continu : la terre ferme envahissait les domaines de l'Océan. Dans ces âges reculés, l'action du noyau central brûlant sur la surface solide, bien que s'affaiblissant d'année en année, était encore énergique ; les convulsions des tremblemens de terre soulevaient d'immenses étendues de la croûte terrestre au-dessus des flots, pour en faire des continens éphémères. Ici le bassin océanique, déchiré par une commotion, voyait ses ondes mêlées à des vagues de feu faisant une irruption soudaine ; la chaleur subite transformait instantanément en vapeur des masses d'eau capables de remplir le lit de nos plus grands fleuves, mais refroidie rapidement ; la lave métallique, qui avait franchie les limites de ses abîmes, se solidifiait en longues colonnes prismatiques de basalte (*). C'est à de semblables éruptions sous-marines que sont dus ces phénomènes basaltiques connus sous le nom de grotte de Fingal et de

____

(*. Roches dures et noires formées par l'action des feux souterrains.

chaussée des géants. Sur un autre point, les bassins de mer éprouvaient des dépressions considérables, qui les transformaient en réservoirs profonds, et mettaient à sec de nouvelles étendues de terrain que la végétation décorait aussitôt de sa verte et brillante parure.

Mais ce n'étaient pas les terres seulement que le mouvement de la vie fécondait; dans le vaste sein de l'Océan naissaient les mollusques ou animaux à coquilles, les immenses ammonites (*) aux volutes recourbées; les orthocraétites, les nummulites et une foule d'autres, dont les analogues ne se retrouvent plus que dans les mers équatoriales; les poissons commençaient à fendre les flots dans leurs courses capricieuses, et à se jouer dans les mystérieuses retraites sous-marines.

L'œuvre du cinquième jour ou de la cinquième époque de la création s'avançait : jour employé, selon le prophète, à la production des poissons. La science, vous le voyez, mes enfans, continue à s'accorder avec les récits sacrés. Restait, pour terminer complètement cette œuvre, à créer les oiseaux; mais l'air chargé de carbone ou charbon était impropre à la respiration des êtres doués de poumons. Il se fit donc une nouvelle dépuration de l'atmosphère. Dans une commotion qui dut être

_____

(*) Sortes de coquilles.

violente à en juger par les traces qui en subsis-
tent encore, mais dont nous ne pouvons connaître
la cause, il se fit une précipitation subite et instantanée du carbone mêlé à l'air. Comment se
représenter l'effroyable tempête qui ravagea le globe?
Aux éclairs, à la lueur bleuâtre et sulfureuse, aux
violens dechiremens de la foudre, aux sifflemens
et aux mugissemens d'un ouragan imgétueux arra-
chant et roulant pêle-mêle les plus grands végétaux,
se joignit une pluie de matière carbonique, dont
les couches accumulées recouvrirent les stipes des
palmiers et des bambous, les troncs des fougères
et des cocotiers; arbres et carbone se transformèrent en lits de houille, substance si précieuse pour
nos arts et notre industrie. Ainsi le charbon de
terre est un débris de l'ancienne atmosphère. Sa
précipitation préparait la naissance des animaux à
poumons, et des richesses pour l'âge futur de la
civilisation. Les voies de la Providence sont aussi
profondes qu'admirables!

En même temps, la croûte terrestre, convul-
sionnée par les efforts de la lave brûlante interne,
éprouvait d'horribles déchiremens. Les mers étaient
déplacées; des germes de continens nouveaux, des
îles inconnues surgissaient; des vallées se transformaient en montagnes, et des plaines basses en
plateaux élevés. C'est l'âge de la formation du Jura
et autres montagnes secondaires.

Troisième âge du globe terrestre. — Les reptiles.

Après les révolutions, le repos ; c'est une loi immuable. Les convulsions de la terre s'apaisèrent donc graduellement ; une autre nature succéda à la nature primitive. Les plantes reparurent dans toute la pompe de leur végétation ; comme celle du premier âge de la vie, elles appartenaient pour la plupart aux deux classes à organisation simple, des acotylédonés et des monocotylédonés. La haute température, alors encore entretenue par la chaleur interne du globe, leur permit de se développer sous toutes les latitudes, quoique la grande diminution du carbone, rendant leur nutrition moins active, restreignît leurs proportions ; quelques plantes dicotylédonées apparurent.

Mais quel étonnant spectacle présenta la nature animale ? Les formes les plus bizarres s'unirent aux proportions les plus exagérées pour produire des créatures singulières. C'est à la science des Cuvier et des Buckland, que nous sommes redevables de la connaissance de ces antiques habitans de notre planète. Dans les eaux de l'Océan, sur les côtes, au milieu des lacs, sous les voûtes ombreuses des forêts, dans les airs, partout des reptiles. Ici, l'hictyosaurus, horrible crocodile de trente pieds de long, poursuivant pour s'en repaître, des platyodons et des gavials, animaux du même genre, mais plus faibles que lui. Là, le mosasaurus au cou de trente pieds de longueur, au corps immense, hérissé d'écailles et terminé par une queue large et plate destinée à fendre les eaux, le dinotherium dont la masse paraît fabuleuse (*).

Sur les îles, le mégalosorus couvrant de son vaste corps une étendue de soixante-dix pieds. Au bord des rivières, le plésiosaurus élevant sa tête au-dessus des roseaux, sa tête supportée par un cou flexible, semblable à un serpent, égalant en longueur les vingt pieds de son corps massif. Dans les vastes plaines de l'air, planent les diverses espèces de ptérohactyles, types du fantastique dragon, lézards volans; pourvus d'ailes semblables à celles des chauve-souris, oiseaux quadrupèdes cuirassés d'écailles, tantôt ils rampent à terre, tantôt ils se refugient sur les cîmes des arbres et se jouent dans le feuillage.

Embrassons par la pensée, la perspective entière de notre planète pendant son troisième âge. Un Océan plus vaste que celui de nos jours roulant ses houles écumeuses sur les côtes de continens exigus; des archipels nombreux, des pics abruptes élevant au-dessus de sa surface, les uns leur brillante parure

____

(*) Une tête osseuse de cet animal, que l'on vient de découvrir, est longue de six pieds et pèse 250 kilog.!... l'os du bras 50 kilog.!

végétale, les autres leur tête nue et sillonnée par les fréquens éclats de la foudre. Une population de léviathans, à la voix puissante, aux appétits féroces, se livrant de continuels combats, ensanglantant les ondes, renversant les forêts dans leurs luttes affreuses. Au pôle comme à l'équateur, une atmosphère chaude, surchargée de vapeurs portant dans leurs flancs le feu électrique ; l'air déchiré par des tempêtes horribles, par les éclats de la foudre ; la terre ébranlée par l'action des feux souterrains, les continens et les îles changeant continuellement d'aspect et de configuration dans ces secousses violentes, et menaçant d'une destruction totale leurs monstrueux habitans, tel est le lugubre tableau que cette nature sauvage et primitive déploie sous nos yeux.

Quatrième âge : Création des Oiseaux et des Mammifères.

A quel génie puissant, la Providence se réserve-t-elle de révéler les causes des grandes révolutions qui transformèrent successivent notre planète ? Dans l'état actuel de la science, nous pouvons signaler les effets de ces cataclysmes à la fois destructeurs et rénovateurs, mais nous sommes réduits à les expliquer par des hypothèses.

Au milieu des commotions incessantes de notre globe, se leva enfin le jour fatal marqué pour l'anéantissement des monstrueux monarques de la terre. Les continens s'affaissèrent encore une fois, tandis qu'une partie des profondeurs océaniques, cédant à la force d'impulsion que leur imprimait la force expansive des laves souterraines, s'élevèrent peu à peu au-dessus des flots, et vinrent exposer à la lumière leurs forêts de madrépores, leurs bancs de coraux, leurs sociétés de polypes et de mollusques aux formes variées, aux couleurs admirablement nuancées. Roulant dans les vagues monstrueuses de l'Océan expulsé de ses domaines et se jetant furieux dans les bassins nouveaux qui lui étaient creusés, les mosasaures expirèrent au milieu des plus affreuses convulsions, mêlant leur voix tonnante à la voix puissante des flots courroucés et aux hurlemens de la tempète. Les icthyosaures et les plésiosaures, les ptérodactyles réfugiés sur les cîmes des forêts, périrent tous ensevelis sous la tombe liquide qui se nivela sur eux. Alors l'air subit une dernière dépuration par la précipitation du reste de l'ancienne atmosphère carbonique.

Un monde animal venait de périr. Un autre monde animal le remplaça; une végétation jeune surgit du sein des terres nouvellement émergées; là où les plantes marines étendaient leurs lames et leurs ramifications, germa le chêne; le sapin y étendit ses verts rameaux, le magnolier au luisant feuillage se para de ses tulipes odorantes, la rose incarnate au parfum suave, se maria au lys candide, à la violette délicate ; autour des groupes de hêtres et de frênes, de cèdres et de bouleaux, s'élancèrent le palmier et le cocotier, le teck, le sandal et l'acajou, admirable mélange des végétaux de toutes les zônes sous une température tropicale régnant de l'équateur aux pôles.

Ces révolutions terrestres, ces déplacemens des mers, diminuaient la masse des eaux océaniques, augmentaient l'épaisseur de l'enveloppe solide et extérieure du globe, tout en étendant les continens. La diminution graduelle de la chaleur intérieure entraînant le refroidissement des eaux, causait un dépôt continuel des matières salines et argileuses qu'elles contenaient, de là de nouvelles couches de terrains, de là ces assises horizontales de sable, de grès, de craie, de chaux carbonatée, qui recouvrirent les débris des monstres sauriens et les transformèrent en fossiles.

Les lacs, les campagnes et les forêts se peuplèrent. Dans les airs s'élancèrent les aigles au vol audacieux, aux serres puissantes, et diverses espèces d'oiseaux. Les mastodontes et l'éléphant méridional, grands mammifères pachydermes à trompe, foulèrent les pâturages marécageux, quatre espèces de rhinocéros s'abritèrent dans les djongles des forêts humides. L'élasmothérium, tenant de la structure du cheval et de l'éléphant, prit ses ébats dans les prairies arrosées par de grands courans d'eau, au milieu des hippopotames, des tapirs, des anoplothérium, des palæothérium, des anthracotérium, des dichobunes, des adapis, et des lophiodon. Ces animaux des terrains humides n'étaient pas les seuls maîtres du monde. Aux insectes à ruches et à fourmilières, le mégalonix livrait de rudes combats. L'ours au front bombé et l'ours au front plat, une espèce de loup, un chat voisin par les formes du lion et de la panthère, la grande hyène fossile, dressaient des embûches aux cerfs, aux bœufs, et aux légions de chevaux qui erraient les uns dans les forêts, les autres dans les vallées et dans les plaines élevées.

Ainsi au règne des végétaux monocotylédonés, succédait l'empire de la végétation dicotylédonée, douée d'organes plus parfaits et plus complexes. Aux reptiles détruits, succédaient les mammifères à sang chaud, respirant un air oxigéné dans leurs vastes poumons. Et remarquez, mes jeunes amis, par quelles gradations l'air a été amené à devenir respirable pour ces êtres? Que de commotions, de dépurations il a dû subir avant d'être débarrassé des vapeurs métalliques, aqueuses, salines, carboniques, qui l'épaississaient et le rendaient impropre à la vie? L'œuvre de la création marche à grands pas; les oiseaux du ciel, les bêtes sauvages de la terre, les animaux domestiques sont créés chacun selon son espèce, le sixième jour ou la sixième époque va se terminer. Alors, à la voix de Dieu, les grands cétacés (*) animent les eaux, l'immense baleine, le cachalot, les morses, les dauphins, fendent les plaines équorées, et se jouent dans la tempête.

Cependant le calorique terrestre se dissipait de plus en plus par son rayonnement dans les profondeurs de l'espace, les pôles se surchargeaient de glaces, la température s'abaissait, et modifiait la structure animale, l'éléphant ancien, dont les restes entiers se trouvent dans les glaces polaires, se couvrit d'une épaisse fourrure qui lui permit de braver la sévérité du ciel septentrional.

Il manquait un dominateur dans la vaste et belle demeure ornée avec tant de luxe par la sagesse divine. Ce dominateur s'anima sous le souffle vivifiant de l'Être des êtres. Le premier homme, Adam, la première femme, Éve, naquirent brillans d'intelligence, de jeunesse, de force et de beauté. Rois de la nature terrestre, formés à l'image de Dieu lui-même, tout ce qui respirait autour d'eux dut leur obéir et se soumettre; en apparence, ils étaient les plus faibles des créatures, mais ils portaient sur leur front un rayon de majesté imprimé par le doigt

---

(*) Mammifères marins.

divin, mais ils étaient animés par une âme immortelle !

Dieu les plaça au centre d'un continent embelli par les plus suaves et les plus harmonieuses des productions végétales, les fleurs et les fruits naissaient à l'envi et sans culture dans cet Éden au sol vierge et fécond. Là, ils eussent pu couler de longs jours au sein de la paix et du bonheur, s'ils eussent suivi les lois de leur divin père, mais ils préférèrent la loi du mal, ils s'abandonnèrent à leurs passions ; eux et leurs descendans en subirent le châtiment.

La postérité du premier homme s'adonna de plus en plus au crime, à mesure qu'elle s'accrut en nombre. Les hommes violèrent le beau précepte d'amour mutuel, le fort opprima le faible, l'homicide souilla les individus et les nations, la corruption devint générale, Dieu fut oublié sur la terre.

Cinquième âge : le Déluge, apparition des Continens actuels, le monde repeuplé.

LES hommes bâtissaient des cités, ouvraient le sein de la mère commune pour lui confier l'espoir d'une moisson nouvelle; les artisans fondaient l'or et l'airain pour les transformer en idoles muettes, honte de l'intelligence humaine ; tous vivaient dans la sécurité. Cependant la puissance divine allait se manifester par une dernière convulsion qui devait changer toute la face du globe, et imprimer aux hommes destinés à échapper au désastre universel, une terreur dont le souvenir serait aussi durable que les siècles.

Le calorique terrestre s'était dissipé au point que la chaleur interne restait sans action sur la température extérieure, les zônes de climats s'étaient nettement tranchées ; les glaces régnaient sur les contrées polaires, la croûte solide de la planète épaissie, opposait un obstacle puissant à l'action des laves souterraines. Mais sous cette voûte immense, s'amassait lentement une tempête destructive. Les vapeurs s'accumulaient de jour en jour entre la surface liquide du noyau planétaire brûlant, et l'enveloppe terrestre extérieure ; comprimées fortement, elles s'accumulèrent jusqu'à ce que leur force expansive brisant la résistance opposée par l'enveloppe, celle-ci fut soulevée tout-à-coup. Le lit des mers se nivela, les eaux, sans bassins pour les contenir, se répandirent de toutes parts sur les plus hautes montagnes ; l'eau, vaporisée par une augmentation subite de température, s'éleva dans l'atmosphère, et soudain en fut précipitée retombant en torrens de pluie. Villes et empires, hommes et animaux, cèdres altiers, plantes fragiles disparurent, engloutis sous les flots du terrible Océan déchaîné et ne connaissant plus de limites.

C'en était fait du globe, il allait éclater et être projeté çà et là, par parcelles, dans l'espace brisé par la force expansive des vapeurs souterraines, si les parties les plus faibles n'eussent cédé ; alors se soulevèrent de nouvelles montagnes, bouches igni-vomes, dont les cratères donnèrent issue à des fleuves de feu entraînés par les gaz ; les foudres intérieures mêlèrent leurs détonations aux foudres de l'atmosphère ; les rochers embrasés retombèrent dans les ondes en les faisant bouillonner comme l'acier rougi que l'artisan plonge dans l'eau pour lui donner la trempe ; la cendre agglomérée en nuages choqua dans les airs les nues grosses de tempêtes ; la lave descendit en cascades et en cata-ractes brillantes, et se creusa un lit dans les vagues frémissantes.

Les volcans avaient sauvé le globe de la ruine totale qui le menaçait. Depuis lors, brûlèrent les Monts-d'Or et le Puy-de-Dôme, l'Etna, le Vésuve et l'Hécla, les volcans de l'Asie, de l'Amérique et de l'Océanie, sortes de soupapes de sûreté qui pré-servent le globe du danger d'une explosion.

Lorsque cette immense déjection eut produit un vide sous la voûte terrestre, il se fit un affaisse-ment subit, l'Océan se rejeta dans les bassins qui en résultèrent, et laissa à sec les continens actuels. L'Europe, qui n'avait été jusque-là qu'un grand

Archipel, devint terre ferme, mais l'effort de la secousse rompit l'isthme qui faisait une péninsule de
la Grande-Bretagne, et détacha Gibraltar de l'Afrique
pour livrer passage à l'Océan. L'Afrique et l'Asie,
anciens bassins de mers, virent leurs sables marins
transformés en steppes et en déserts arides, la Caspienne et les autres lacs salés survécurent comme
pour être les preuves irrécusables de l'antique présence de l'Océan dont ils sont les débris.

La terre avait achevé sa période d'enfance, il ne
devait plus désormais y avoir pour elle de violentes
convulsions ; sur sa surface stable allaient vivre les
grandes familles humaines.

Le dernier séjour de la mer avait produit les terrains tertiaires des géologues, le cataclysme diluvien
laissa pour trace des amas de sables et d'argiles déposés au-dessus des couches tertiaires. Dans cette
catastrophe, ou dans quelque inondation partielle
antérieure, disparurent les races des palæotherium,
des lophiodon, des adapis, des mammouths, de l'éléphant ancien et autres espèces qui ne nous sont
connues que par leurs ossemens déposés dans les
entrailles du sol, comme autant de médailles des
âges antiques. Peut-être aussi l'anéantissement de
ces races eut-il lieu avant le déluge et fut-il causé
par le refroidissement de la température.

J'arrive à l'âge moderne pour ainsi dire de notre

planète ; âge post-diluvien qui date seulement de six mille ans, comme le constatent les cercles ligneux du baobab d'Afrique, et les murêmes ou moraines des glaciers (*).

La configuration de la terre n'a pas changé sensiblement depuis cette époque, quoique l'Océan soit porté à s'étendre peu à peu en superficie, et qu'un travail lent mais sensible, tende à transformer en un vaste continent les archipels océaniens.

Aujourd'hui les eaux marines occupent plus des trois quarts de la surface terrestre, et la masse continentale, arbitrairement divisée en quatre parties, puisqu'elle ne fait qu'un tout sans interruption, comprend : l'Asie, l'Europe, l'Afrique et l'Amérique. Les géographes font des îles océaniennes une cinquième partie du globe.

L'Asie a servi de refuge et de second berceau au genre humain ; c'est dans ce continent que les sociétés se reconstituèrent, que les familles se multi-

____

(*) Personne n'ignore aujourd'hui que les végétaux de la classe des dicotylédones, s'accroissent en grosseur par la formation annuelle d'un cercle de bois sous l'écorce. Les cercles restant tous distincts, on connaîtra l'âge d'un arbre par leur nombre compté sur le tronc au-dessus de la racine. Sur les baobabs qui atteignent quatre-vingts pieds de circonférence, on compte six mille cercles. Or, nous admettons que l'Asie était un fond de mer avant le déluge.

Les moraines sont des dépôts de sable et de terre, accumulés annuellement au pied des montagnes à glaciers, ou en compte également environ six mille. De cette coïncidence, nous pouvons déduire l'âge de nos continents.

plièrent au point de former de nouveaux peuples,
que les arts et la civilisation furent remis en hon-
neur et en voie de progrès. C'est en Asie que les
nations devenues nombreuses comme les sables de
la mer, ployèrent leurs tentes et partirent pour peupler les vastes solitudes des autres terres. Mais
avant de vous parler du genre humain et des merveilles produites par son intelligence, j'ai encore à
vous entretenir du globe qu'il habite, et à vous
entretenir de ce que le créateur y a placé de remarquable, soit pour son embellissement, soit pour
l'utilité des hommes.

CHAPITRE II.

Les continens, l'eau, l'air.

La parole de M. de Nerville était toujours avidement reçue par ses fils; le tableau pittoresque de la création du globe et de ses grandes révolutions, avait ouvert leur intelligence à une foule d'idées nouvelles, ils entrevoyaient dans l'arrangement de l'univers d'admirables harmonies, dont les accords leur avaient jusque-là échappé. En effet, quelles belles lois providentielles, que ces lois physiques qui régissent la matière depuis l'instant où elle est sortie du néant! Que de simplicité dans

les causes qui ont produit de si grands et si merveilleux effets ! Comme tout s'est classé et arrangé
pour le bien-être futur de l'homme. Voyez comme
la chaleur a liquéfié la masse terrestre pour lui
donner la forme la plus convenable à un corps
dont les parties doivent être successivement éclairées,
échauffées et fécondées par l'astre central ; comme
le refroidissement graduel a solidifié la surface habitable ; comme les commotions intérieures ont déplacé les eaux pour que leurs dépôts ne rendissent
pas un hémisphère plus pesant que l'autre, ce qui
aurait détruit l'équilibre et changé la direction de
l'axe de la terre ; comme les dépurations de l'atmosphère et les mutations océaniques ont rendu l'air
sain et respirable, tout en accumulant dans l'écorce
du globe le charbon et le sel, deux substances des
plus précieuses.

La méditation de ce grand œuvre divin, élève
et ennoblit l'âme, agrandit ses facultés, l'habitue
à se rapprocher de son créateur, elle dispose à la
bonté, au calme du cœur ; elle aide à dominer les
passions.

Le bon père jouissait des progrès rapides opérés
dans la cure morale qu'il avait entreprise ; ses fils
s'aimaient avec la tendresse la plus vive, ils éprouvaient les jouissances les plus douces lorsqu'ils
pouvaient soulager quelque infortune, et peu à peu

leur bienveillance s'étendait sur tous ceux de leurs semblables qui les environnaient. Un si beau résul tat était pour M. de Nerville la meilleure des récompenses et le plus noble des encouragemens. Après avoir expliqué l'origine des mondes, il commença ainsi la description du globe dans son état actuel.

Dans l'âge présent de notre planète, mes enfans, on distingue encore deux parties principales : le noyau central brûlant, et l'enveloppe extérieure solide. Le noyau central brûlant qui l'emporte de beaucoup en étendue sur l'écorce extérieure, est le reste de cet immense et effrayant Océan de métaux et autres substances tenues en fusion par le calorique qui constituait primitivement la terre entière; il est la cause génératrice des volcans et des tremblemens de terre, nous en reparlerons après nous être occupés de l'écorce extérieure.

Par l'expression d'enveloppe et d'écorce extérieure, on entend la partie solide qui, creusée en forme de bassin, contient les mers, ainsi que la partie élevée au-dessus du niveau des eaux, que nous habitons, et que les géographes nomment continens.

Si la surface solide était lisse et unie, les eaux n'ayant pas de bassins pour séjourner, formeraient autour d'elle une couche liquide environnée à son tour par l'atmosphère; il n'y aurait ni îles, ni terre ferme ; un semblable globe ne serait habitable que pour des poissons.

La surface solide est donc inégale, semée d'éminences et de renfoncemens. Les éminences sont des continens, des plateaux, des collines, des montagnes de divers ordres, selon leur élévation au-dessus du niveau des mers, et selon leur étendue. Les renfoncemens sont les bassins des mers et des lacs.

C'est à une loi physique, qui veut que la surface de tout corps passant de l'état liquide à l'état solide par le refroidissement, soit inégale, que la terre doit ses éminences et ses bassins. L'action des feux souterrains a perfectionné l'effet dû au refroidissement.

Les montagnes les plus élevées, qui jouent un si grand rôle comme centres d'attraction des vapeurs aqueuses flottant dans l'air, comme points de partage et pentes pour l'écoulement des eaux, sont moins hautes relativement à la masse de la planète, que la rugosité d'une écorce d'orange relativement à l'orange entière.

L'intérieur de l'enveloppe solide est formé de couches placées les unes sur les autres ; ce sont les terrains des géologues. On les divise en terrain primitif, terrain intermédiaire, terrain secondaire. terrain tertiaire et terrain de sédiment. Les matières formant les couches de chaque terrain sont appelées roches, quelle que soit leur consistance. Le granit et les porphyres, les micaschistes (*), composent en grande partie le terrain dit primitif, parce qu'il est le plus ancien, celui formé par 'le refroidissement de la superficie brûlante de la planète. Le terrain intermédiaire provient du bouleversement produit par la chute des vapeurs aqueuses, lorsqu'elles se sont séparées pour la première fois de l'atmosphère. Les terrains secondaires et tertiaires sont dus aux dépôts successifs abandonnés par les eaux de l'Océan. Les terrains de sédiment, les plus extérieurs de tous, proviennent des alluvions et inondations des fleuves. On remarque au nombre des roches secondaires, le calcaire ancien ou marbre, les grès houilliers qui recouvrent les dépôts de charbon de terre, le liais, la craie. C'est dans les couches du terrain secondaire que le naturaliste rencontre les débris des immenses reptiles, des mollusques et des végétaux primitifs. La pierre de taille ou calcaire grossier, diverses argiles sont classées au nombre des roches tertiaires; elles renferment, ainsi que le sulfate de chaux ou pierre à plâtre, les ossemens fossiles des antiques éléphans, rhinocéros, lophiodon, paléothérium, etc. Les sables argileux, le tuf, la tourbe, les argiles jaunes à

____

(*) Sortes de roches.

dépôts de pierres meulières, telles sont les roches de sédiment.

Les dépressions de l'enveloppe extérieure solide sont beaucoup plus étendues que les élévations; je citerai pour preuve les mers qui occupent un bassin représentant un peu plus des trois quarts de la surface du globe. Il n'y a qu'une seule mer, un seul océan continu dans toutes ses parties, et si les géographes admettent plusieurs mers, ce ne sont que des divisions conventionnelles, nécessaires pour faciliter l'étude des positions locales.

L'Océan est la partie principale de la masse des eaux terrestres, masse que complètent les eaux des lacs, des fleuves, rivières, ruisseaux, sources, glaciers, glaces polaires et vapeurs atmosphériques.

Les eaux sont douces ou salées.

Les eaux de l'Océan, du grand lac Caspienne, de la mer Morte, dans la Palestine, et de plusieurs autres lacs, sont salées, c'est-à-dire qu'elles contiennent une grande quantité de différens sels; surtout de chlorure de sodium ou sel servant aux divers usages de notre économie domestique. Certaines sources sont également salées, telles sont celles de Salins et de Lons-le-Saunier, dans le département du Jura, de Château-Salins dans le département de la Meurthe, etc.; la salure de ces sources provient de ce qu'elles coulent sous terre sur les grands dépôts de sel que des lacs (formés d'eaux abandonnées dans des cavités, par l'Océan en se retirant) évaporés subitement, ont accumulés dans les divers points du globe. La quantité des eaux salées l'emporte sur celle des eaux douces.

On donne le nom d'eaux douces, aux eaux qui ne contiennent que de faibles quantités de sels peu sapides, car il n'existe pas d'eau dans la nature à l'état de pureté réelle; ainsi les eaux de la Seine, qui sont très-douces, contiennent, prises à Paris`, sur quinze litres de liquide, 36,28 centilitres d'air, 12,54 centilitres d'acide carbonique, 0,295 grammes de sulfate de chaux, 1,940 grammes de carbonate de chaux, 0,379 grammes de nitrate et d'hydro-chlorate de chaux.

L'Océan est le réservoir général des eaux; sa profondeur, qui est loin d'être uniforme, sur tous les points, est évaluée pour son maximum à huit mille mètres ou une lieue et demie.

Les continens ou parties de l'enveloppe extérieure du globe, élevées au-dessus du niveau des mers, forment une île immense entourée de tous côtés par l'Océan qui la divise en deux grandes parties à peu près semblables par leur configuration, comme on peut s'en convaincre en jetant les yeux sur une mappe-monde. De ces deux parties, l'une contient l'Europe, l'Asie et l'Afrique, et est appelée ancien monde; l'autre se compose de l'Amérique seule, que l'on nomme nouveau monde, à cause de sa découverte récente. Je dis que les continens forment une grande île, car l'Amérique, d'après les investigations du capitaine Ross, est unie à l'Asie par un isthme.

Parmi les îles que renferme l'Océan, l'Australie ou la Nouvelle-Hollande est la plus grande, puisqu'elle égale presque en étendue notre Europe.

L'intérieur des continens est divisé en pentes hydrographiques (*) ou bassins terrestres par les montagnes, pentes qui s'abaissent sensiblement des montagnes à la mer, et sont sillonnées par les fleuves et leurs affluens. Les eaux ont une circulation perpétuelle qui les soustrait à l'Océan par l'évaporation, les précipite de l'air sur les montagnes et la surface continentale, puis les rassemble en grands courans qui les restituent au vaste réservoir océanien. L'atmosphère est l'intermédiaire de cette circulation. On nomme atmosphère la masse d'air qui entoure le globe. Cette masse a une épaisseur estimée à quinze lieues environ. La terre ne tourne pas dans l'atmosphère, mais elle l'emporte dans son mouvement.

L'air atmosphérique est le résultat du mélange de l'azote, de l'oxigène et de l'acide carbonique dans

(* Pente pour l'écoulement des eaux

les proportions suivantes : sur cent parties d'air, il y a soixante-dix-neuf parties d'azote, vingt parties, quatre-vingt-dix-sept centièmes de parties d'oxigène, et trois centièmes de parties d'acide carbonique. Je vous ferai remarquer, au sujet de la composition de l'air, une combinaison providentielle éminemment sage. L'oxigène, agent principal de la combustion, qui se combine énergiquement et facilement avec la majorité des autres corps, ne s'unit qu'avec la plus grande difficulté à l'azote. Or, un des principaux produits de leur combinaison est l'acide nitrique ou eau forte. Pensez à ce que serait devenue la création animale et végétale terrestre, si les deux principaux élémens de l'air eussent eu de l'affinité (*) l'un pour l'autre? La moindre détonation électrique les eût enflammés et transformés en une mer d'eau forte de trente-deux pieds de hauteur au-dessus du niveau des eaux marines !...

L'air est pesant, c'est-à-dire qu'il obéit à l'attraction de la terre comme toutes les autres substances matérielles ; c'est cette attraction qui le fait presser contre la surface terrestre, et qui le retient autour de la planète.

On mesure, comme vous le savez, la pesanteur de l'air au moyen du baromètre. La totalité du poids de l'atmosphère forme la millième partie du

(*) Affinité, propension à s'unir

poids de notre planète. Le poids de l'atmosphère est de cent mille millions de millions de tonnes, et une tonne pèse deux mille livres, ou mille kilogrammes.

Je vous ai rappelé ces notions élémentaires, connues du moindre écolier, parce qu'elles vont trouver leur application dans l'exposé des grands phénomènes qui s'offrent journellement à nos yeux, et qui sont le résultat de la vie de notre globe.

Les grands Phénomènes de la nature. — Volcans, tremblemens de terre, pluies, neiges, glaciers, fleuves, vent, tempêtes, trombes, marées, mirage, etc.

Les volcans et les tremblemens de terre sont produits par les efforts des vapeurs qui se dégagent du noyau central brûlant, et qui pressent sur l'enveloppe extérieure.

Le centre de notre globe est formé d'une masse énorme de substances métalliques maintenues en fusion par la portion du calorique primitif qui ne s'est pas encore dissipée par rayonnement. Les expériences du professeur Cordier et de l'illustre Fourier, ont démontré l'existence de ce noyau central : si l'on creuse les couches de l'enveloppe solide de la terre, on trouve que leur température augmente en raison de leur profondeur, tellement que si la température de l'air et de la surface est à deux ou trois degrés au-dessous de zéro, à vingt pieds plus bas, on éprouve une chaleur de dix degrés, et si l'on parvient à dix-huit cents pieds, la chaleur n'est plus tolérable ; il y a donc une cause intérieure qui élève la température, puisqu'il fait froid au-dehors. Cette cause est le noyau central. C'est à elle que nous devons l'équilibre de température des caves, les eaux chaudes des puits artésiens profonds, et les sources bouillantes d'eaux minérales.

Quand les vapeurs, dégagées du noyau central, et comprimées, pressent sur des parties épaisses de l'enveloppe extérieure, il y a une secousse, un tremblement de terre plus ou moins violent, selon que le sol est plus ou moins résistant. Si la pression se fait sur des parties peu épaisses du sol, elles sont brusquement relevées. Il s'en suit une rupture et une éruption de laves, c'est-à-dire la sortie violente des matières métalliques brûlantes du noyau central soulevées et entraînées par les vapeurs. Ces parties qui cèdent deviennent des montagnes volcaniques.

Les volcans ne sont donc que des couches de l'enveloppe extérieure, soulevées et brisées par les efforts des vapeurs intérieures qui donnent issue aux métaux en fusion et brûlans du centre de notre globe.

Ceci explique comment il se fait que tous les

volcans, quels qu'ils soient, sous quelque latitude qu'ils gissent, rejettent toutes les mêmes substances volcaniques, les mêmes laves. C'est un phénomène qui n'a rien d'étonnant, puisque tous puisent à la même source. L'intérieur d'un volcan est creux, sous sa base est une immense cavité nommée foyer, qui communique avec le noyau central ; un conduit ou cheminée s'étend du foyer au sommet du mont qui présente une large ouverture creusée en entonnoir, c'est la bouche ou cratère du volcan, d'où s'élancent les laves et les vapeurs.

Les volcans les plus remarquables de notre âge, sont : le Cotopaxi dans les Andes, le Popocatepelt au Mexique, l'Hécla dans l'île américaine de l'Islande ; les volcans de l'archipel Malais, ceux de l'Océanie, notamment le volcan de Kirau-Ea aux îles Hawaii (Sandewich) ; les volcans Asiatiques ; ceux des Canaries et de Bourbon en Afrique ; enfin les volcans du Vésuve, de l'Etna et du Stromboli en Europe. On compte sur le globe deux cent vingt-cinq volcans brûlans.

Le soulèvement partiel du fond des mers par la pression des vapeurs intérieures est encore la cause de l'apparition subite de quelques îles, comme la célèbre Julia, qui surgit tout-à-coup, il y a quelques années, près de la Sicile, et disparut aussi subitement après un petit nombre de jours d'existence. Les Cyclades grecques ont été formées ainsi par soulèvement.

Cependant tous les tremblemens de terre n'ont pas pour cause une pression interne. Quelques-uns d'entre eux, produits par des éboulemens souterrains, sont bornés à de simples localités. D'autres proviennent de détonations électriques intérieures, et s'accompagnent souvent d'aurores boréales.

Les volcans ne sont pas toujours en activité, ils ont leurs intervalles de repos ; chaque éruption nouvelle s'annonce par certains signes précurseurs, tels que des bruits souterrains, la disparition des sources, des secousses de tremblement de terre.

L'éruption d'un volcan est un acte conservateur de la vie du globe ; car la terre est semblable à un immense appareil renfermant des vapeurs élastiques, des matières en ébullition incessante qui menacent de rompre leur prison ; et les volcans sont les soupapes de sûreté destinées à laisser échapper ces fluides destructeurs.

C'est un imposant spectacle que celui de ce grand et sublime phénomène. Les signes précurseurs qui l'annoncent sont bientôt suivis d'un état électrique de l'atmosphère, qui occasionne un malaise dans les fonctions organiques des êtres vivans ; l'air semble plus pesant que de coutume, les oiseaux et les animaux domestiques s'agitent et sont inquiets : un calme sinistre règne sur la contrée, théâtre de la commotion. Tout-à-coup le volcan se couronne d'une épaisse fumée, d'épouvantables détonations retentissent sous terre, le sol tremble et s'agite, des flammes s'élancent du cratère dont le fond est projeté subitement dans les airs à de grandes hauteurs ; une pluie de cendres, de pierres vitrifiées, de roches ardentes, débris des entrailles de la montagne, couvre la base du volcan ; des bruits souterrains, semblables aux grondemens sinistres d'une artillerie meurtrière, se mêlent aux rugissemens et aux déchiremens de la foudre. Tout-à-coup apparaît la lumière éclatante d'un violent incendie, les flancs de la montagne semblent embrasés, c'est la lave qui remplit le cratère, déborde, roule en cataractes de feu, s'avance dévorant ce qu'elle rencontre, renversant tout obstacle, consumant, détruisant, réduisant en cendres arbres et animaux, rochers, monumens, couvrant le sol comme une vaste inondation.

La cendre lancée dans les airs par les volcans, a été quelquefois en telle quantité, que des villes entières ont disparu ensevelies sous sa masse, témoins Herculanum et Pompeïa.

Vous voyez, mes amis, que ces convulsions destructrices en apparence, mais dont l'effet funeste est toujours local, sont autant de bienfaits pour le globe considéré en son entier, puisqu'il serait sujet à des bouleversemens bien autrement terribles sans ces grandes déjections.

Passons à d'autres phénomènes, non moins conservateurs de la vie ; je veux parler des pluies, orages, tempêtes, chocs électriques, etc.

Les nuages, la pluie, la neige, ont une même cause, l'évaporation des eaux.

Du sein de l'Océan, des lacs, des fleuves, des plus petites masses d'eau, de la terre même, s'élèvent continuellement des vapeurs aqueuses, si tenues, si moléculaires (*), qu'elles échappent à notre vue et ne deviennent sensibles qu'en s'accumulant. Chaque molécule d'eau, transformée en gaz ou en vapeur, s'élève en vertu de sa légèreté et va remplir les interstices des pores de l'air. Tant que l'air est plus chaud que la vapeur, celle-ci reste invisible, et les pores de l'air se remplissent. Mais si l'air se refroidit, il se resserre, ses pores se rétrécissent, la vapeur se condense et forme des amas de globules vésiculaires dont la masse produit les nuages ; si la condensation est portée plus loin, la vapeur redevenue eau tombe sous forme de pluie. Si la condensation des vapeurs s'opère dans un air très-froid, celles-ci passent à l'état de glace ou d'eau solide, et tombent en petites masses de cristaux

(*) Une molécule est la division la plus petite de la matière, qui soit sensible à nos organes.

disposés en étoiles ordinairement à six branches :
c'est la neige.

Le brouillard est une vapeur condensée et devenue vésiculaire au moment où elle s'élève de la
surface du sol.

La grêle est une transformation subite de la vapeur aqueuse en petits glaçons sphériques, due,
soit à un prompt refroidissement, soit comme le pen-
sait le physicien Volta, aux électricités différentes
de deux nuages placés l'un au-dessus de l'autre.
M. Arago croit que l'explication de la formation de
la grêle est un problème resté sans solution.

La rosée, que le vulgaire pense descendre de
l'atmosphère comme la pluie, a une origine différente. Ce phénomène est produit en vertu des lois
du rayonnement du calorique. Deux corps, diver-
sement échauffés, tendent à acquérir la même température, parce qu'ils s'envoient des rayons calorifiques, et que le corps le plus chaud, en donnant
plus qu'il n'en reçoit, voit sa chaleur diminuer,
jusqu'à ce que celui avec lequel il est en rapport
d'échange, se soit mis en équilibre de température (*).

Pour qu'un corps se maintienne avec la même
quantité de calorique, il faut donc qu'il reçoive

______

(*) Deux corps sont en équilibre de température, lorsque leur chaleur est
égale.

des corps environnans autant de rayons chauds,
qu'il leur en envoie, ou s'il en est autrement, il
se refroidira ou augmentera de température, selon
qu'il se trouvera en rapport d'échange avec des
corps plus froids ou plus chauds que lui. Or, les
hautes régions de l'atmosphère sont toujours très-
froides, puisqu'il est constaté qu'à deux lieues au-
dessus de la surface du globe, la température se
maintient au-dessous de glace en toute saison, et
qu'à une hauteur plus grande, elle est à 80 degrés
au-dessous de zéro. Il arrive donc pendant les nuits
où l'atmosphère est très-pure, que la surface de
la terre rayonne son calorique dans l'espace, et que
les rayons traversent l'air sans pouvoir sensiblement
l'échauffer; il y a perte constante de chaleur, sans
restitution. Les corps placés à la surface terrestre
se refroidissent; alors les vapeurs qui flottent dans
l'air, dépouillées à leur tour de leur calorique par le
contact de ces corps froids, se condensent et se
déposent sous forme de gouttelettes. Telle est la
cause de cette rosée dont les perles brillantes se
suspendent à l'extrémité des longues herbes, et scintillent au lever du soleil sur le feuillage. Si le rayon
nement est assez fort pour abaisser la température
des plantes au-dessous de zéro, la rosée se transforme en gelée blanche en se glaçant.

Ce phénomène de condensation n'a pas lieu quand
l'air est chargé de nuages, parce que ceux - ci

s'échauffent en recevant les rayons calorifiques terrestres, leur température s'équilibre avec celle du
sol, et ils renvoient autant de rayons qu'ils en
reçoivent.

Pour que la rosée se forme, il faut que l'air
joigne le calme à la transparence, car le vent,
déplaçant continuellement des masses d'air chaud,
restitue aux corps le calorique qu'ils perdent et
empêchent que les vapeurs puissent se condenser.

La rosée est précieuse dans les saisons chaudes
et sèches, surtout dans les contrées où la pluie
tombe rarement en été, car elle arrose les plantes
et favorise la végétation.

Combien, mes enfans, la sagesse divine a été
prévoyante envers nous, en établissant les lois qui
régissent l'action des corps matériels les uns sur
les autres. Par suite de celles qui règlent la distribution, l'accumulation et l'équilibre du calorique,
il se fait un continuel échange d'eau entre la terre
et l'atmosphère. La chaleur qui résulte de la combinaison des rayons éthérés mis en mouvement par
le soleil, avec la matière terrestre, vaporise les
eaux, les élève dans l'air, où ces vapeurs, pri-
vées par le refroidissement du calorique nécessaire
au maintien de leur état gazeux, redeviennent liquides pour retomber tantôt en neiges épaisses,
tantôt en pluies fécondantes qui entretiennent l'humidité du sol, donnent la vie et la nourriture aux

végétaux, alimentent les sources, sèment de toutes parts la fécondité.

Les sommets des hautes montagnes, toujours froids en raison de leur élévation et de leur peu de surface, sont des centres de condensation pour les vapeurs flottantes de l'air ; refroidies subitement par le contact de ces pics aigus, elle se précipitent en neiges, qui roulent dans les anfractuosités des roches, comblent les crevasses, et les précipices, fondent en partie pendant les heures les plus chaudes de la journée, gèlent aussitôt que ces heures, très-courtes dans les hautes régions, sont passées, et recouvrent les montagnes d'un manteau de glace perpétuel. Ces montagnes à glaciers, sont les sources des grands fleuves, elles sont des agens puissans dans les fonctions circulatoires du globe, dans cet échange perpétuel du liquide aqueux que l'Océan cède à l'air, et que celui-ci précipite sur les continens, d'où il retourne dans les profonds réservoirs de l'Océan.

Nous devons donc regarder les mers comme le vaste entrepôt du liquide destiné à entretenir la vie et la fécondité sur notre planète.

Que d'effets divers et merveilleusement combinés, sont produits par la chaleur sur notre globe ! Le vent en est encore un des principaux et un des plus utiles. Le calorique répandu si abondamment sur la terre, là où elle est éclairée par le soleil, échauffe les couches d'air les plus inférieures, les dilate, les rend plus légères que les couches supérieures, de là un mouvement d'ascension pour l'air inférieur, de descente pour l'air supérieur, mouvement désigné sous le nom de vent. Dans le déplacement de ces courans, que de nuances diverses, depuis le frais et suave zéphir, qui rafraîchit nos organes irrités par la chaleur mordante de la canicule, la douce brise, arrondissant la blanche voile du marin, et l'ouragan impétueux, qui déracine et renverse en se jouant les géants des forêts ?

La dilatation lente et successive des couches aériennes inférieures, produit les vents légers, la dilatation brusque et instantanée donne naissance à un vide subit, dans lequel se précipite rapidement une masse d'air froid, c'est la tempête. Les courans d'air qui produisent les vents sont très-rapides. Dans son mouvement le plus modéré, l'air parcourt deux mètres par seconde, près de deux lieues à l'heure : dans l'ouragan, qui est le maximum de rapidité, il parcourt quarante-cinq mètres par seconde ou trente-sept lieues à l'heure, mais alors il brise tout ce qu'il rencontre.

On appelle vents alisés, des courans qui soufflent constamment d'est à l'ouest, entre l'équateur et le trente-huitième degré de latitude nord et sud L'excessive chaleur de la zone équatoriale, dilatant l'air, occasionne un courant qui s'établit des régions moins chaudes vers l'équateur, tandis que l'air chaud se dirige vers ces régions. Mais l'air qui entoure le globe est animé d'un mouvement de rotation proportionnel à l'étendue du parallèle sur lequel il se trouve ; comme les parallèles sont peu étendus dans les zones froides, la vitesse de rotation est peu rapide, et lorsqu'il les abandonne pour se porter vers l'équateur, il n'acquiert pas la rapidité propre aux parallèles plus vastes qu'il va rencontrer ; il reste donc en arrière des corps qui ont cette rapidité, et les frappe dans une direction contraire à leurs mouvemens ; il paraît donc se mouvoir vers l'ouest, parce qu'il se porte à l'est moins vite que les continens et les îles.

Les tempêtes sont de violens mouvemens produits dans l'atmosphère, lorsque des courans d'air, suivant des routes opposées, se dirigent sur un même point et y accumulent des vapeurs qu'ils compriment ; du choc des courans, résulte le mouvement tumultueux de la tempête.

L'ouragan, l'agitateur des régions tropicales, est causé par une accumulation considérable de vapeurs, qui restent suspendues au-dessus des lieux d'où elles se sont élevées ; condensées subitement, elles se précipitent en pluies abondantes, laissent un vide dans l'atmosphère, vide que remplit aussitôt l'air en se précipitant avec une violence incroyable.

Les trombes sont des tourbillons destructeurs, formés par la rencontre de deux courans aériens, violens et opposés ; si les courans rencontrent un nuage , ils lui impriment un mouvement de rotation qui le rend conique , il se forme dans l'intérieur du cône, un vide qui absorbe tous les corps qui se trouvent sur le passage du nuage entraîné. La trombe de mer est une grande quantité d'eau soulevée de même , et mue circulairement par des courans d'air opposés, elle ressemble à une colonne qui , de la surface de la mer , s'élève à une grande hauteur ; colonne vide intérieurement , capable d'engloutir et de renverser un navire. Le mouvement de la trombe , cause une accumulation considérable d'électricité , de là des détonations violentes , et une lumière électrique très-intense.

L'électricité , fluide sans pesanteur , abondamment répandu sur notre globe , dont il semble être le principe vital , paraît , comme vous le savez , composé de deux natures diverses , l'une dite électricité vitreuse ou positive , l'autre dite électricité résineuse ou négative. Les électricités de même nom se repoussent , tandis que la vitreuse attire la résineuse , et *vice versá*. L'union des deux natures électriques , constitue l'électricité neutre ou combinée. L'électricité produit dans l'atmosphère plusieurs phénomènes remarquables.

L'eau contient , comme tous les corps . une quantité notable de fluide électrique , et elle ne s'en sépare pas en passant à l'état de vapeur , les

nuages sont donc toujours chargés d'électricité neu-
tralisée.

La grande chaleur, la pression, le frottement,
électrisent les corps, c'est-à-dire séparent leurs deux
électricités, dont l'une s'accumule à la surface du
corps électrisé. L'excessive chaleur de l'atmosphère,
la pression d'un nuage entre deux courans d'air
opposés, son frottement contre l'air dans sa course,
sont autant de causes qui l'électrisent. S'il vient à
rencontrer un autre nuage chargé du principe électrique résineux, tandis qu'il l'est du vitreux, les
deux principes s'attirant et tendant à se combiner,
on voit la flamme électrique s'élancer et produire
l'éclair ; l'air éprouve une percussion au moment
de la combinaison des deux principes électriques,
et le bruit de cette percussion retentissant dans les
couches atmosphériques, étant réfléchi par le sol et
ses accidens, se multiplie, résonne ; ce sont les
roulemens du tonnerre. Lorsqu'un nuage électrisé,
recombine son électricité en recevant de la terre le
principe qui lui manque, ou lorsqu'un de ses principes, attiré par l'électricité terrestre, se précipite
sur le sol, on dit que la foudre éclate, le feu
électrique, dans sa violence, enflamme les corps
combustibles, détruit et renverse les corps solides,
asphyxie les êtres animés.

Tous ces grands phénomènes atmosphériques ont
pour but de purifier l'air en l'agitant, de le rafraî-

chir là où il est brûlant, de le réchauffer là où il
est froid. Un air immobile deviendrait lourd, infect
par l'accumulation des émanations animales et terrestres, il se transformerait en un foyer de putridité
et de mort. C'est surtout sous les latitudes intertropicales que les outragans sont d'une grande utilité
pour la salubrité du climat ; leur violence y est ex-
trème, ils dévastent tout ce qui se trouve sur leur
passage. A l'île Bourbon, aux Antilles, on ne voit
que ruines et débris après un de ces terribles mouvemens aériens, il semble que le pays soit à jamais
perdu, pas un arbre, pas une plantation ne reste
sur pied ; mais le désastre est bientôt oublié, car
ces commotions sont toujours suivies d'une excessive
fertilité ; en peu de temps la végétation a réparé
toutes ses pertes, la nature semble s'être régénérée,
elle abonde de sève et de jeunesse.

Les marées sont des secousses, des mouvemens
journaliers de l'Océan, causés par l'attraction de la
lune et du soleil. La lune agit plus fortement que le
second de ces astres en raison de son peu de distance. Quand ces deux grands corps célestes attirent
les eaux dans la même direction, par suite de leur
position, les marées sont très-fortes.

Le flux arrive lorsque l'attraction cesse, alors les
eaux s'étendent et se nivellent. Au moment du reflux,
les eaux s'éloignent des côtes, s'abaissent sur le

rivage, mais s'élèvent en cône sur le point ou l'attraction agit avec le plus d'énergie. Chaque hémisphère éprouve successivement l'effet de l'attraction d'où proviennent les marées ; l'air y est également soumis, de là les variations de hauteur observées dans le baromètre, aux diverses époques de la journée.

Les marées de l'Océan et de l'atmosphère sont encore des moyens d'assainir les eaux et l'air par leur mélange et leur déplacement.

Il y a encore deux autres phénomènes atmosphériques, très-remarquables, c'est l'aurore boréale et le mirage ; le premier est un effet électromagnétique, le second un jeu d'optique.

D'après les travaux du professeur Ampère, de MM. Arago et OErstedt, il est actuellement hors de doute que le magnétisme terrestre soit autre chose que de grands courans électriques qui traversent l'intérieur du globe. Ces courans, en s'échappant par les pôles, quelquefois par d'autres points du globe, forment dans les hautes régions atmosphériques des jets lumineux et colorés d'un effet magnifique. C'est aux pôles, pendant la longue nuit hyémade que l'aurore électrique étale sa pompe et sa splendeur, qu'elle remplace l'astre lumineux dont l'horizon est si long-temps privé. Elle éclate en arcs-de-cercles brillans et pourprés, en rayons, en ondes étincelantes :

l'orangé, le bleu, le vert, semblent autant de vagues colorées que soulève une mer bouillonnante. Chaque apparition prend une forme nouvelle, tantôt les jets lumineux s'unissent en faisceaux qui se rompent et s'ouvrent en gerbes radieuses, tantôt ils se groupent en longues colonnes irisées, s'arrondissent en couronnes, dont les cercles concentriques éclatent avec un bruit semblable à ceux d'un bruyant feu d'artifice. Ce magique phénomène lumineux se renouvelle très-fréquemment dans les contrées polaires, il est rare et moins brillant dans les climats tempérés.

Le mirage est un effet d'optique singulier, qui consiste en images qui se dessinent et se colorent, soit dans l'atmosphère, soit à la surface du sol ; cet effet se montre surtout dans les pays à température chaude. En Egypte, lorsque l'air est calme, et que ses couches inférieures sont très-échauffées, elles prennent une force de réfraction très-grande, de sorte que les rayons lumineux envoyés par les corps, se brisent, se relèvent, et en parvenant à l'œil du voyageur, lui montrent l'image des objets, renversée et réfléchie comme dans une nappe d'eau. Nos soldats ont été souvent trompés par le mirage pendant l'expédition d'Egypte ; les objets placés sur les collines, réfléchis ainsi par les couches inférieures de l'air, leur faisaient prendre le sable du désert pour un lac aux eaux désaltérantes.

Le *fata-morgana* est un mirage de l'air, qui s'opère assez souvent sur les côtes de la Sicile ; il apparaît à l'époque des grandes chaleurs, l'air réfléchit l'image des montagnes, des arbres et des villages de la côte ; mais il faut se garder d'ajouter une foi entière aux poétiques descriptions qui ont été faites de ce phénomène par des observateurs enthousiastes. L'hydrographe anglais Smith, M. de Sayve, M. de Forvin, qui ont été témoins de l'apparition de la *fata-morgana*, n'ont vu qu'un mirage assez faiblement distinct des côtes voisines.

Le spectre du mont Brocken, dans le royaume de Hanovre, est encore un effet de mirage. Le mont Brocken est le point culminant de la chaîne du Hartz, si riche en mines de toutes espèces. Il est élevé de trois mille trois cents pieds au-dessus du niveau de la mer, et de son sommet on découvre une étendue de soixante-dix lieues. L'une des meilleures descriptions de ce phénomène est celle de M. Hane, qui en a été témoin le 23 mai 1777.

Le soleil se levait par un temps serein, il était quatre heures du matin. Un vent léger accumula des vapeurs dans l'ouest de la montagne ; bientôt le voyageur aperçut au milieu de ces vapeurs une figure humaine de dimensions monstrueuses. Un coup de vent ayant failli emporter le chapeau de M. Hane.

il y porta la main, et la figure colossale exécuta le même geste. M. Hane fit immédiatement un autre mouvement, en se baissant, et cette action fut reproduite par le spectre. L'observateur s'étant déplacé, le phénomène disparut, et il se remontra dès que M. Hane eut repris sa première position. Alors une seconde personne s'étant placée près de lui, on put distinguer deux figures dans la vapeur, reproduisant les gestes des deux spectateurs. C'était donc leur ombre qui se projettait sur le brouillard comme sur un corps opaque.

L'académicien Bouguer, envoyé à l'Equateur avec La Condamine, pour mesure un degré terrestre, fut témoin au Pérou, sur le mont Pambamarca, en novembre 1744, d'un effet de mirage, semblable à celui du mont Brocken. Voici sa résolution.

« Un nuage, dans lequel nous étions plongés, » nous laissa voir en se dissipant, le soleil qui s'é- » levait et qui était très-éclatant. Le nuage passa de » l'autre côté. Il n'était pas à trente pas, et sa fai- » ble distance faisait qu'il n'avait pas la teinte blan- » châtre des nuages éloignés, lorsque chacun de » nous vit son ombre projetée dessus, et ne voyait » que la sienne, parce que le nuage n'offrait pas » une surface unie. Le peu de distance permettait » de distinguer toutes les parties de l'ombre ; on » voyait les bras, les jambes, la tête; mais ce qui » nous étonna, c'est que cette dernière partie était

» ornée d'une auréole de trois ou quatre petites cou-
» ronnes concentriques d'une couleur très-vive, cha-
» cune avec les mêmes variétés que le premier arc-
» en-ciel, le rouge étant en dehors. »

Cette espèce de mirage, ou plutôt d'ombre portée sur des vapeurs, doit se reproduire fréquemment sur toutes les montagnes élevées.

Je ne vous ai parlé du mirage que pour complé-ter l'histoire des phénomènes atmosphériques. Nous avançons dans l'esquisse de l'œuvre de la création, déjà la terre nous est connue dans son ensemble et sa vie particulière ; vous avez pu admirer toute la profondeur et la simplicité des combinaisons provi-dentielles qui ont présidé à sa formation et qui main-tiennent son existence ; je vous entretiendrai actuel-lement des beautés et des curiosités naturelles que le créateur a semées sur sa surface.

Singularités et curiosités naturelles de l'Europe.

L'Europe est une presqu'île du grand continent de l'ancien monde, entourée par les portions du vaste bassin océanique, connues sous le nom d'O-céan atlantique boréal, de Mer du Nord et d'Océan glacial arctique. Les beautés naturelles de cette partie du monde. qui tient le premier rang à cause du puissant développement intellectuel de ses habi-tans, n'ont pas le grandiose des beautés du même genre dans les autres parties du globe. Ainsi les chaînes alpines et pyrénéennes ne s'élèvent pas dans les régions atmosphériques à la hauteur des pics pyramidaux de l'Himalaya indien, ou des sommets volcaniques de la Cordilière américaine; leurs précipices, leurs torrens, leurs entassemens de rocs éboulés, leurs vallées sillonnées par les eaux, ne sont que des images réduites des mêmes accidens appartenant aux puissans systèmes des montagnes asiatiques et du Nouveau-Monde. En Europe, les fleuves ne sont plus ces larges courans rivaux des mers, comme le Saint-Laurent, le Meschascebé, l'Orénoque, le Nil et le Yang-tse-Kiang de la Chine; les déserts, loin d'être de vastes solitudes de sables, se rapetissent en landes de peu d'étendue. Ce n'est donc pas en Europe qu'il faut étudier les scènes majestueuses et les grands effets de la nature, ils y forment des tableaux frais et gracieux plutôt que sublimes et imposans.

C'est dans les montagnes, que la nature a déployé en Europe le plus de grandeur et de magnificence. Le système orographique susceptible d'être considéré comme le centre de toutes les chaînes européennes, est celui des Alpes : là se trouvent les monts les plus abruptes et les plus élevés, le Mont-Blanc avec sa cîme de glace et ses quatorze mille sept cent quatre-vingt-dix pieds au-dessus du niveau de l'Océan, qui le rendent le point culmi-

nant de l'Europe, le Grand Saint-Bernard, le Mont-
Rosa, rival du Mont-Blanc, dont la cime atteint à
la hauteur de quatorze mille quatre cent soixante-
seize pieds. La chaîne alpine depuis le Mont-Ventoux
en Dauphiné, jusqu'au mont Kalemberg en Autriche,
a deux cents lieues d'étendue. A huit mille pieds
d'élévation, cette chaîne se couvre de glaces perpétuelles, et au-dessus de dix mille huit cents pieds,
les vapeurs atmosphériques condensées retombent en
neiges épaisses qui blanchissent les cimes granitiques et les font apparaître au loin éclatantes et
splendides, lorsque les rayons solaires les entourent
comme d'une auréole lumineuse. La chaîne alpine
est encore remarquable par la profondeur de ses
lacs, on cite entre autres le lac d'Achen dont le
fond est à dix-huit cents pieds de la superficie.
D'après les études de M. Elie de Baumont, la
grande chaîne alpine n'est pas la plus ancienne des
chaînes de l'Europe, les monts plus humbles de la
Côte-d'Or, qui ne s'élèvent qu'à deux mille trois
cent quatre-vingt-douze pieds, les monts Ertze-Birge,
entre la Bohême et la Saxe, le mont Pilat,
près de Lucerne, ont été les premiers soulevés,
tandis que les gigantesques Mont-Blanc, Mont-Rosa,
se seraient soulevés long-temps après les Pyrénées.
et, à une époque plus récente encore, les montagnes des Alpes centrales.

Les sensations qu'éprouve le voyageur à l'aspect

des entassemens immenses de roches et de glaces
qui forment la chaîne du Mont-Blanc ou des grands
pics, ne peuvent guère se décrire; c'est un bizarre
contraste entre la nature verte et fleurie des vallées,
le calme du miroir des lacs, le silence des forêts
d'arbres verts, et l'aspect de mort du cahos des
glaciers, le bruit des torrens, le mugissement des
cascades. Tantôt la vue est surprise par l'apparition
de pics taillés en obélisque, de roches énormes
rongées par la dent destructive du temps, qui surplom-
bent, soit sur des précipices inaccessibles, soit sur
un col étroit taillé dans le granit, où le pied trouve
à peine son appui. Ici des vals profonds, entourés
d'escarpemens, contiennent un petit lac dans leur
centre taillé en coupe antique, là les vallons s'élargissent, se couvrent d'habitations, de troupeaux,
et reflètent les escarpemens boisés dans le cristal
des courans d'eau qui les fertilisent. Un des effets
les plus étonnans, est celui que produit le sommet
du Mont-Rosa, entassement de pics gigantesques,
qui forment un vaste cirque d'environ trois mille
toises de diamètre.

La vue des glaciers jette dans l'âme une sorte
de terreur religieuse; les uns ressemblent à une
mer dont les vagues soulevées par la tempête auraient été solidifiées tout-à-coup, les autres ont de
larges étendues de surface unie, bordées de

coupures profondes, de crevasses dentelées qui leur donnent les formes les plus variées. Quand le printemps ramène le soleil vers notre tropique, et que la longue présence de l'astre du jour sur l'horizon échauffe l'atmosphère, il s'opère dans les glaciers un travail dont les effets sont souvent extraordinaires; des masses énormes d'eau congelée glissent sur les pentes qui les soutiennent, avec un bruit semblable à celui du tonnerre, la commotion que l'air en reçoit, détache des pics supérieurs des avalanches de neige qui remplissent les vides laissés par la progression des glaces, et se transforment à leur tour en glaciers nouveaux. Quelquefois ces avalanches, ayant d'énormes dimensions, roulent jusque dans les vallées, renversant les forêts sous leur poids, et ensevelissent des villages entiers.

Les glaces descendues fondent rapidement; de tous côtés jaillissent les eaux, les cascades bouillonnent, les torrens mugissent, l'écume blanchit dans l'air, mille arcs-en-ciel scintillent en décomposant la lumière, les fleuves grossissent et portent au loin la fraîcheur, en vaporisant leurs ondes, et humectant l'atmosphère échauffée.

Ces magnifiques et pittoresques effets se reproduisent dans toute la chaîne des Alpes à glaciers. Dans les contreforts et les chaînons moins élevés où les glaces disparaissent, les beautés diminuent, les sources et les torrens sont plus rares, moins impétueux ; les monts ne se hérissent plus de cîmes abruptes et menaçantes, mais ils se revêtent d'une parure végétale gracieuse, de forêts de chênes et de pins, d'arbrisseaux et de plantes variées.

La partie la plus intérressante du système alpique, sous le rapport des richesses minérales, est la chaîne du Hartz et de l'Ertz-Gebirge. La chaîne du Hartz occupe, dans le Hanovre, une longueur de trente lieues sur douze de largeur ; ses cîmes escarpées, ses vallées, ses bois et quelques marais forment un labyrinthe naturel dans lequel il est impossible de pénétrer sans guide. Les pentes inférieures sont calcaires, elles contiennent plusieurs cavernes, moins célèbres encore par les nombreux détours et les brillans stalactites qu'elles offrent à la curiosité du voyageur, que par l'énorme quantité d'ossemens fossiles qu'on y a découverts, et qui peuvent les faire considérer comme d'immenses catacombes naturelles, dans lesquelles se sont conservés les restes des anciens animaux qui ont peuplé notre planète. Les plus curieuses de ces cavernes sont celles de la Licorne et celle de Baumann.

La première est située au pied du château de Schartzfels ; elle est composée de cinq grottes placées à des niveaux différens qui communiquent les unes aux autres par de nombreuses sinuosités qu'il faut parcourir, soit en montant, soit en descendant. La seconde, beaucoup plus vaste, est égale-

ment composée de cinq grottes. De la première à
la seconde de ces cavités, on descend trente pieds;
pour passer de celle-ci à la troisième, il faut se
hisser sur les pieds et sur les mains; enfin, après
avoir alternativement monté et descendu, on arrive,
par une pente assez rapide, dans une galerie remplie d'eau et placée sous les autres grottes. Cette
galerie, rarement visitée, contient une grande quantité d'ossemens qui appartiennent généralement à des
tigres, à des hyènes, et à l'ours des cavernes ou
à front bombé, qui devait être aussi grand qu'un
cheval.

La chaîne alpine de l'Ertz-Gebirge est une des
sources de la richesse industrielle de la Saxe; elle
contient des mines d'argent, de cuivre, de plomb,
de fer et d'étain; on y trouve des améthistes, des
agates, des jaspes, et surtout une excellente espèce
de kaolin ou argile à porcelaine, qui a contribué
pendant si long-temps à la supériorité de la porcelaine de Saxe sur celle du reste de l'Europe.

Du Mont-Blanc, en Savoie, point culminant du
système des Alpes, si l'on se dirige vers la Méditerranée, on voit se détacher les rameaux alpins
du Dauphiné, ou du département de l'Isère, ceux
des hautes et basses Alpes, puis des Alpes mari-
times, qui se dirigent vers l'Italie, pour s'y pro-
longer sous le nom d'Apennins.

Vers l'extrémité du département de Vaucluse,

s'élève le mont Ventoux, haut de six mille sept cent quatre-vingt-dix-huit pieds, qu'un éblouissant manteau de neige recouvre pendant huit mois de l'année. Dans les étages du département des Hautes-Alpes est assise la ville de Briançon, la plus élevée de toutes les cités françaises, ville fortifiée, dont la citadelle est séparée des habitations par un précipice de cent soixante-dix pieds de profondeur, au fond duquel mugit la Durance; un pont d'une seule arche, de cent vingt pieds d'ouverture, est jeté avec hardiesse sur cette effrayante coupure. A une lieue environ de Gap, chef-lieu du département des Hautes-Alpes, se trouve le lac Pelhotiers, la merveille du pays, où les étrangers ne manquent pas de faire un pèlerinage pour y voir le pré qui tremble. C'est une île flottante, composée de débris de roseaux, de nymphéa, de potamegton, que recouvre une couche de terreau formée peu à peu par la décomposition de ces plantes, et que revêt actuellement une verte prairie dont on fauche annuellement les herbes abondantes.

Rien n'est plus pittoresque que la route qui conduit de Briançon à Grenoble, au milieu de cette partie des Alpes: tantôt près d'elle serpente la Romanche, tantôt elle domine de riantes vallées boisées dans lesquelles s'élèvent des forges et d'autres curieuses usines, où l'industrie travaille les richesses métalliques de la montagne. Le voyageur aperçoit ensuite les bords âpres et sauvages du Drac, puis l'Isère au cours sinueux et rapide, qui contourne les pentes de plusieurs contreforts, dont les bases fertiles sont cultivées en mûriers et en vignes, et les cîmes ornées de gras pâturages et de vastes forêts. Plus loin, au-delà de Grenoble, au bas d'une montagne, les curieux visitent deux grottes rendues célèbres par les fameuses cuves de Sassenage, que la crédulité populaire consultait autrefois avec une foi vive, chaque année, pour connaître le résultat des récoltes. Ces cuves sont deux petites excavations cylindriques, d'environ cinq pieds de diamètre, dont l'une a trois pieds et l'autre dix-huit pouces de profondeur. Lorsque ces cavités, au jour marqué pour les consulter, se remplissaient d'eau spontanément, jusqu'aux bords, les paysans crédules comptaient sur une abondante récolte, au contraire lorsque le niveau des eaux s'élevait peu, ils s'affligeaient, persuadés qu'ils étaient de perdre le fruit de leurs travaux. Pour parvenir aux grottes de Sassenage, il faut traverser l'admirable vallée du Graisivaudan, la vue plonge d'abord sur le développement magnifique de cette vallée. A droite, on remarque les roches escarpées de la Balme ; à gauche, la montagne de la grande Chartreuse ; enfin, l'on arrive à un sentier rapide, taillé sur les bords abruptes d'un torrent, d'où on aperçoit les maisons du bourg de Sassenage, entourées de beaux groupes de noyers. Les grottes s'annoncent par deux ouvertures en arcades, dont l'une a plus de vingt-cinq pieds de largeur ; on aperçoit en entrant des bancs de rochers qui semblent un gigantesque escalier tombé en ruine. Après avoir traversé le torrent, on se trouve dans une sorte de vestibule dont la largeur est de soixante-quatorze pieds sur quarante-huit de hauteur et quarante-trois de longueur. Au fond du vestibule s'ouvrent plusieurs salles, de celle de gauche sort le torrent de Germe ; les eaux serpentent tranquillement d'abord sous les voûtes, puis se précipitent avec fracas sur l'escalier de roches et tombent en formant une très-belle cascade.

Des Alpes du Dauphiné, on aperçoit la blanche pyramide du Mont-Blanc, distante de vingt-six lieues. Une des curiosités naturelles de la France, que recèlent ces montagnes, est la grande Chartreuse. Là, au milieu d'une imposante solitude disposant l'âme à la méditation et au recueillement, est un monastère, jadis le centre de l'ordre de Saint-Bruno, qui, au lieu de prendre le nom de son fondateur, prit celui plus obscur du village de Chartrouse, le plus voisin de ce désert. L'abord de la grande Chartreuse est difficile, on ne peut y pénétrer que par une gorge étroite et escarpée, encombrée de ronces, de plantes sauvages, de sapins et de bouleaux, surplombée dans son tracé perpendiculaire par d'affreux rochers qui se perdent dans les nues ;

5

tantôt, le sentier serpente entre des abîmes de plus de quatre cents pieds de profondeur, tantôt entre des torrens dont les bruyantes cataractes couvrent la voix par le retentissement de leur chute : plus loin la cascade du Guiers-Vif forme sur la route glissante une voûte liquide, et couvre le voyageur de son ombre transparente. Après avoir franchi un immense rocher taillé en talus, on entre dans une sombre forêt de sapins, dont les cîmes toujours agitées par le vent produisent un bruit étrange, mais non sans harmonie. Enfin on atteint la pente opposée à celle que l'on vient de gravir avec tant d'efforts, on quitte les arcades mobiles des sapins, pour s'enfoncer sous des hêtres au travers desquels apparaît le monastère, qui, pendant plusieurs siè-cles, fut pour les contrées voisines un foyer de civilisation et une savante école d'agriculture.

Dans les mêmes Alpes de l'Isère, se trouve la vallée de Godmard, où le hameau des Andrieux est tellement enfoncé au milieu des rochers, que pendant plus de trois mois de l'hiver, il est entiè-rement privé de la vue du soleil.

Près du village de Notre-Dame-de-la-Balme, lors-qu'on est parvenu sur la rive gauche du Rhône, on voit une grotte célèbre, dont l'entrée est trans-formée en une chapelle dédiée à la sainte Vierge. L'intérieur en est divisé en plusieurs cavernes qui présentent un brillant spectacle lorsqu'elles sont

éclairées par des flambeaux, la lumière fait étin-
celler des cristaux de stalactites d'un blanc de neige
éblouissant et affectant les formes les plus singulières ; des sources tombent en cascades de diverses ouvertures, puis forment un lac qui s'enfonce
sous les voûtes et sur lequel on se promène dans
une petite barque, non sans se rappeler invo-
lontairement le sombre nocher des enfers mytho-
logiques.

Les autres chaînes de montagnes de la France,
sont des ramifications plus ou moins élevées des
Alpes ; ainsi au-delà de l'étroite vallée du Rhône,
commencent les Cévennes qui lient les Alpes aux
Pyrénées et aux montagnes volcaniques de l'Auvergne ; le Jura et les Vosges prolongent les Alpes
dans le nord-est. Les Pyrénées, après avoir établi
une barrière naturelle entre la France et l'Espagne,
forment la Péninsule espagnole en produisant diverses ramifications dont les racines s'élargissent en
un large plateau ceint d'un côté par la Méditerranée,
de l'autre par l'Océan, plateau élevé de mille à
quinze cents pieds au-dessus des eaux marines. Les
Pyrénées s'étendent entre les deux mers en limitant
les départemens des Pyrénées orientales, de l'Ar-
riége, de la Haute-Garonne, des Hautes et des
Basses-Pyrénées. Dans le premier de ces départemens le Pic du Canigou, haut de huit mille six
cent quarante-six pieds, couvert de neiges éternelles

domine une plaine magnifique; mais ce n'est que dans le département des Hautes-Pyrénées, que la chaîne atteint à son plus haut point de majesté, là les pics, les aiguilles s'entassent les uns sur les autres; les sommets conservent un manteau de neige qui ne fond jamais; au-dessous se prolongent de vastes glaciers, plus bas, des lacs, des forêts, de verts pâturages; entre les monts des fissures, forment des cols, des passages bordés de précipices, dont les flancs de roches sont lavés et déchirés par les gaves, torrens impétueux sortis des bassins des lacs, et perpétuellement alimentés par la fonte des glaciers; sur quelques points jaillissent des eaux thermales chauffées par le calorique interne du globe. Cauterets, Saint-Sauveur, Barréges, lieux célèbres dans les annales de la médecine, sont les points où coulent ces eaux bienfaisantes. La Maladetta, le Mont-Posatz, le Mont-Perdu, le Vignemale, le Cylindre du Marboré, sont les pics culminans du centre Pyrénéen, leur élévation commune dépasse dix mille pieds. Près de Barréges, dans une sorte d'entonnoir de rochers taillés en gradins comme un théâtre antique qui aurait été construit par des géants, tombe avec un bruit assourdissant une cascade dont la chute a mille deux cent soixante-dix pieds d'élévation perpendiculaire; cet entonnoir qui semble un ancien cratère de volcan, est célèbre sous le nom de Cirque de Gavarnie.

Vers l'Océan, les Pyrénées s'abaissent graduellement.
on ne distingue plus les pics orgueilleux couronnés
de nuages, les sommets s'arrondissent, et se revêtent de magnifiques forêts, les pentes se couvrent
de vignes, et se terminent, au-delà des vallées,
en plaines fertiles.

Les montagnes d'Auvergne se rattachent aux Alpes
par le Mont-Lozère, le Mont-Mézin, la Marguerite.
qui sont les plus hauts points des Cévennes; leur
origine volcanique les rend les plus intéressantes
des élévations du sol français. Le Cantal, haut de
cinq mille sept cent dix-sept pieds; le Puy-Mary, de
cinq mille sept cent trente-six, sont les plus gigantesques de ces montagnes; viennent ensuite le Mont-
Courlande, le Puy-de-Sancy, le Puy-Ferrand. le
Puy-Paillet, le Puy-Mareilh, le Puy-de-Dôme. Cette
chaîne a été un des points les plus terribles et les
plus majestueux du globe, lorsque ces nombreuses
bouches volcaniques, dominées par le cratère du
Cantal, vomissaient les fleuves de laves, les amas
de scories et de rocs brûlés, les couches de cendres, de pouzzolane et de lapillo, qui composent
aujourd'hui un sol aussi fertile que riche en aspects
variés. Alors les tremblemens de terre agitaient sans
relâche notre terre de France, le noyau central,
rompant les couches de sa prison sphéroïdale,
poussait, au milieu des plus horribles convulsions,
ces colonnes et ces murs de basalte si nombreux

en Auvergne. Aujourd'hui les vallées et la cîme même du Cantal, sont de riches et fertiles pâturages, couverts de troupeaux et de cultivateurs. Les routes, ou plutôt les sentiers, sont difficiles et tortueux dans le Cantal, aussi ne doit-on pas s'y engager sans avoir pris un guide intelligent. En sortant d'Aurillac, on commence à trouver des colonnes et des prismes de basalte. Sur la cîme du Cantal, on descend dans le vaste cratère éteint du volcan, dont les bords, formés de coulées de laves et de substances projetées du sein de la montagne, s'appuient sur une base de granit; plus loin, dans la vallée du Dauzan, surgit une poussée basaltique haute de trois cents pieds, au sommet de laquelle est tranquillement assise la ville de Saint-Flour. En redescendant, le voyageur s'engage dans une gorge profonde, célèbre déjà du temps des Romains par ses eaux chaudes; là est la petite ville de Chaudes-Aigues. Après avoir traversé le col de Cabre, on voit la masse du Puy-Mary se présenter avec son sommet dépérimé et concave, ancienne bouche ignivome. Dans ces lieux, commence un véritable labyrinthe de vallées, de cols, de défilés, de torrens et de forêts de sapins; une foule de cônes jadis fumans, se groupent et s'échelonnent autour d'un ancien volcan central, nommé Puy-de-Sancy. A quelque distance d'une chapelle, les curieux visitent le *trou de Soucy*, entonnoir de cent pieds de diamètre, mais dont l'origine n'est pas volcanique, au fond duquel s'ouvre un gouffre de quatre-vingts pieds de profondeur, rempli jusqu'à la hauteur de six pieds, d'une eau extrêmement froide; les habitans du pays pensent que ce gouffre communique avec le lac Pavin.

On ne peut nommer ce lac, une des merveilles des monts d'Auvergne, sans le décrire. Sur la cîme d'un des Monts-Dor, dans le cratère d'un ancien volcan, se trouve le lac Pavin, ses bords sont couronnés d'un magnifique rideau orné de verdure, haut d'environ cent vingt-cinq pieds, qui le suit dans tous ses contours. Quoique ce rideau soit soutenu par un talus si rapide, qu'on ne peut y marcher sans risquer de tomber dans le lac, cependant il est revêtu d'une magnifique pelouse dans tout son développement de cent vingt-cinq pieds de profondeur. La lave compose cette enceinte, que l'évaporation constante des eaux du lac décore d'une admirable végétation. A l'époque où le volcan mugissait et déversait la lave bouillonnante, l'enceinte du cratère s'ouvrait sur une de ses faces, et par cette échancrure s'échappa la cataracte ignée: c'est encore par là que débordent et s'écoulent les eaux du lac. Le fond du cratère est élevé en banquette autour du niveau des eaux, mais sur cette manière de bord, on ne voit pas le terrain s'abaisser en pente douce sous les ondes, les parois du réservoir sont taillés perpendiculairement, et d'après les efforts faits pour sonder la profondeur du lac, on a trouvé qu'ils se continuent ainsi jusqu'à deux cent quatre-vingt-huit pieds ; aussi nul roseau, nulle plante aquatique ne se montre dans cette masse imposante de liquide. Les eaux du lac Pavin sont limpides, cependant leur profondeur les fait paraître noires ; on ne leur connaît aucune source visible, elles conservent toujours le même niveau, et leur trop plein s'échappant par l'ancien chemin frayé par la lave, descend en cascatelles, et devient la petite rivière de Couse. Non loin du lac Pavin, sur le Mont-Sineyre, est un autre lac qui remplit un cratère, et ne déborde jamais. Du sommet de ces monts, la vue plonge sur de belles vallées et sur la fertile Limagne, l'ancien paradis des Arvernes (*). En prolongeant son excursion, le voyageur parvient à l'Enfer, c'est ainsi que l'on nomme une gorge hérissée de laves, aux flancs déchirés, brûlés, creusés de ravins, de noirs et profonds précipices, au fond desquels la neige persiste encore au mois d'août. Une maigre et rare végétation s'échappe des interstices des roches, et souvent, là où le pied de l'homme n'oserait se hasarder, on aperçoit des pâtres, suspendus par une corde, fauchant ces

*) Les Arvernes ou Arfearann, étaient les anciennes tribus galliques de ce pays. Le mot Auvergne est une altération de leur nom.

herbes dures, et souvent desséchées, que le souffle des vents leur dispute.

Des hauteurs du Sancy tombe la Dor, rivière qui donne son nom aux monts où naît sa source : ses eaux se précipitent en cascade au fond d'une vallée par une large fissure perpendiculaire, hérissée de rocs noirâtres, et n'ayant d'autre verdure que le sombre feuillage des sapins. Une autre chute de cent soixante pieds mélange la Dogne à la Dor, et de l'union de ces torrens naît la Dordogne. Les Monts-Dor récèlent encore dans les antiques foyers de leurs volcans des sources qui s'échauffent et sortent animées d'une haute température, imprégnées de substances minérales qui les transforment en panacées précieuses, pour remédier aux souffrances de l'homme.

Tout ce sol central de l'Auvergne a été tourmenté par une longue et puissante conflagration, dont les traces ne sont pas moins nombreuses dans la chaîne du Puy-de-Dôme que dans celle des Monts-Dor. Ici les volcans se montrent encore dans toutes les directions. Le Puy-de-Dôme est un vaste soulèvement de quatre mille cinq cents pieds de hauteur, qui doit recouvrir un cratère semblable à celui du Kiran-Ea, dans les îles Hewaii, mais quoiqu'on en ait dit, ce mont n'a pas de cratère à son sommet, et n'en a jamais eu, son nom vient de *podium dumense*, que lui donnèrent les Romains, et ce mot de *podium*, qui signifie élévation, terrasse, est l'origine du nom de Puy que portent un si grand nombre de montagnes de l'Auvergne. Soixante volcans éteints ont encore leurs cratères béants autour de l'immense soulèvement du Puy-de-Dôme, dont l'un, le Puy-de-Nardailhat, a vomi cette étonnante masse de laves nommée la Serre, qui occupe trois lieues d'étendue.

Cette chaîne de volcans se prolonge dans l'ancien Vivarais (département de l'Ardèche) où l'on trouve de curieux restes volcaniques; sans les décrire, je citerai le cratère de Saint-Léger, près des bords de l'Ardèche, qui exhale du gaz carbonique, comme la fameuse grotte de Pouzzoles, près de Naples; le pont de la Baume, grande coulée volcanique formant des prismes inclinés dans diverses directions, et posés sur une rangée de prismes plus gros, placés perpendiculairement les uns à côté des autres; la montagne de Chenevari, qui, du côté du nord, présente le singulier aspect d'une colonnade basaltique de six cents pieds de développement; près du bourg de Vals, la chaussée des Géans, réunion de prismes basaltiques, qui bordent les deux rives du Volant; non loin du pont de Bridon, la cascade qui tombe en bouillonnant du haut d'une montagne formée de basaltes semblables; le majestueux amas de prismes, près du pont de

Rigodel; la magnifique chaussée formée de colonnes gigantesques, près du village de Colombier ; la belle cascade de la Gueule d'Enfer, qui tombe du haut d'un rocher de granit de plus de cinq cents pieds de hauteur, recouvert de laves prismatiques : le pont naturel d'Arc, sous lequel coule l'Ardèche, pont formé d'une arche à plein ceintre, de soixante mètres de largeur et de trente d'élévation, percé dans un roc calcaire, qui coupe transversalement une délicieuse et romantique vallée ; les grottes de Vallon, si curieuses à cause de la disposition de leurs stalactites. Enfin, je citerai encore, les rochers de Ruoms, les uns cubiques, les autres pyramidaux ; le cratère du Mont-Prasoncoupe, élevé de mille mètres au-dessus de la Méditerranée ; le volcan de Loubaresse et la vallée de Valgorge, aux mille pics de rocs, aux sites tantôt sauvages, tantôt gracieux.

Les Alpes, en s'avançant vers le nord-ouest, détachent le rameau du Jura, au-delà du lac de Genève, d'où sortent ensuite les Vosges. Le Dôle, le plus élevé des sommets du Jura ainsi que le Reculet, dépassent cinq mille sept cents pieds. Dans les Vosges l'élévation dominante est la tête d'Ours qui atteint à quatre mille trois cent huit pieds. Le rameau du Jura est couvert de neige dans ses points les plus élevés pendant six mois, au-dessous il se couvre de pins et de genevriers, plus bas de vallées fertiles. Les sites du Jura et des Vosges sont plus harmonieux que terribles; dans ces montagnes secondaires, les accidens de terrains sont peu saillans, et la nature n'y a taillé les rocs, précipité les chutes d'eau qu'en diminutif des types placés dans les élévations du premier ordre.

En continuant leur tracé, les Alpes produisent le groupe du Saint-Gothard, les trois chaînes helvétiques, la chaîne Rhétienne ou du Tyrol, les petites chaînes Rhétiennes du nord et du sud, les Alpes Noriques (Autriche), les Carniques et Juliennes (Venise, Croatie), enfin les monts Hercynio-Karpathes, qui s'appuient d'un côté au Balkan ou Hémus de la Thrace, de l'autre aux Alpes par les Ardennes, vaste chaîne couvrant de ses ramifications et de ses contreforts la Pologne, la Hongrie, la Silésie, la Bohême, la Saxe, et finissant dans nos départemens du nord-ouest où ils se rattachent aux Vosges. Quelques beautés que renferment ces monts, je ne puis vous en parler en particulier, j'en signalerai les plus saillantes en exposant les principales curiosités de l'Europe par ordre de position géographique.

Si nous entamons l'Europe par sa partie orientale, nous nous trouverons dans les possessions turques, pays trop peu exploré pour être parfaitement connu. En suivant la route du Nord, au sortir de Constantinople, on traverse Andrinople et sa plaine, et l'on arrive dans le mont Hémus ou Balkan, qui renferme des sources thermales très-nombreuses; les cimes de l'Hémus n'ont pas une grande élévation, c'est une suite d'étages de collines verdoyantes semées de rochers, mais remplies de défilés bordés de rocs perpendiculaires comme des murs. La Thessalie, contrée si renommée dans l'antiquité, doit être d'une fraîcheur et d'un aspect semblable à celui de la Suisse, avec sa délicieuse vallée de Tempée, et ses amphithéâtres boisés du Mont-Olympe, du Pinde, de l'Ossa et du Pélion; mais la beanté de ses sites, n'est plus connue que par des souvenirs classiques. Aujourd'hui, comme au temps de Léonidas, il faut traverser les gorges étroites des Thermopyles, pour passer de la Thessalie dans l'Hellade ou Grèce propre, pays qui renaît à la nationalité, à l'indépendance; terre nouvellement affranchie, où le nom de France doit être chéri et vénéré. Partout, en Grèce, les sites sont pittoresques, partout la terre fertile; là où elle est inculte, loin de se couvrir d'âpres bruyères ou de genêt sauvage, elle se pare d'un tapis parfumé de plantes aromatiques, source inépuisable pour la précieuse abeille. Dans les belles eaux de la Méditerranée grecque, la poétique mer Egée, se baignent semblables à une troupe de cygnes, les douces Cyclades, si fertiles, si admirablement boisées, où mûrissent la canne à sucre, et des raisins dont on

tire les vins les plus précieux ; îles à l'aspect calme,
autrefois cratères de volcans sous-marins. Paros
est une des plus célèbres par ses marbres si re-
cherchés des sculpteurs antiques. Dans l'archipel
grec, les grottes d'Antiparos et de Polycandro,
jouissent d'une grande renommée. D'après le récit
de Tournefort, la grotte d'Antiparos s'annonce à
l'extérieur par une sorte de caverne rustique, on
s'y enfonce et bientôt on se trouve au milieu de
précipices affreux, on s'y glisse le long d'un câble,
on s'y coule sur le dos, en suivant la pente des
rochers, on franchit sur des échelles des crevasses
dont le fond échappe à la vue, et de tant de fati-
gues, on est dédommagé par les beautés d'une des
grottes les plus remarquables de notre univers.
Tournefort y vit des stalactites admirables revêtant
mille formes végétales, tantôt des feuilles d'acanthes
aux volutes gracieuses, tantôt des festons de pam-
pres, des corymbes de fleurs, il sortit persuadé
que ces concrétions calcaires végétaient réellement,
d'autres stalagmites semblent des draperies pétrifiées
et sont du blanc soyeux le plus éclatant ; plus loin,
les concrétions figurent des pilastres gothiques, des
tours découpées en dentelles de pierre comme celles
de nos cathédrales du moyen-âge, ou bien elles
forment des cloisons, des cabinets fantastiquement
sculptés, il semble que l'on soit dans les palais
souterrains de quelques Gnomes, si célébrés dans

les poésies et les récits des hommes du nord. Au fond de la grotte est une blanche pyramide, haute de vingt-quatre pieds, entièrement sculptée par la nature et ornée d'une profusion de volutes, d'enroulemens, de choux-fleurs, de corymbes ; cette pyramide, entièrement isolée des autres stalagmites, est nommée l'Autel, depuis que l'ambassadeur français de Nointel, y fit célébrer la messe le jour de Noël 1673. Rien n'égale l'éblouissante splendeur de la grotte d'Antiparos, lorsqu'elle est éclairée par des torches habilement disposées.

La grotte de Polycandro n'est pas ornée de blancs stalactites, mais de concrétions ferrugineuses, rougeâtres, dont les unes, surtout celles de la voûte, brillent comme de l'or dont elles ont l'éclat et la couleur.

La Grèce renferme un grand nombre de grottes et de cavernes produites par des affaissemens souterrains qui ont dû s'opérer à l'époque où l'action volcanique du feu intérieur forma l'Europe. Une des plus remarquables est le fameux labyrinthe de Gortyne dans l'île de Crète. C'est un vaste assemblage de salles souterraines, d'antres, de rues, de recoins creusés sous le mont Ida, et qui ont été en partie agrandis, mais non façonnés par la main des hommes ; au centre se trouve une route principale, longue de douze cents pas, qui conduit à une vaste et belle grotte, dont les parois ont été évidemment taillées et polies.

La caverne ou antre de Trophonios, si célèbre par les jongleries dont on s'y servait pour fasciner les Grecs superstitieux, existe encore en Béotie. l'entrée en est abrupte et on descend en se laissant glisser sur des rochers en talus. Après la pente on se trouve dans de vastes cavernes, qui forment une sorte de labyrinthe. Au nord de la ville de Delphes, est la grotte Corycios, éclairée par le soleil, quoique profonde et assez vaste pour avoir servi de retraite aux habitans de la ville d'Apollon, pendant l'invasion de Xercès. Le Mont-Parnasse est tout rempli intérieurement de ces affaissemens souterrains, et dans plusieurs il se dégage cette vapeur carbonique qui convulsionnait, sur son trépied, la prêtresse pythique, et l'excitait à proférer des paroles rythmées, lorsqu'elle rendait ses oracles.

Dans l'Albanie ou Epire, au confluent de l'Aous et de la rivière Suchista, est placé le Nymphœum, ou carrière de bitume asphalte des anciens, retrouvée par M. Pouqueville. Ce lieu était autrefois célèbre par les flammes de gaz hydrogène carboné qui s'élançaient de terre, au milieu des sources et de prairies verdoyantes. Le phénomène est plus rare et moins intense aujourd'hui qu'autrefois.

De la Grèce et des provinces turques européennes, on passe dans la Hongrie : ici se trouvent les monts Hercynio-Karpathes, ou monts Krapacks, dont la grande branche s'étend sur une ligne demi-circulaire de deux cents lieues. Suivant Malte-Brun, ces monts sont un terrain élevé, parsemé de groupes isolés, de petites chaînes, et terminé, au nord-ouest et au sud-est, par deux grands massifs de montagnes. Le massif du sud-est forme les Alpes bastarniques ou daciques, et celui du nord-ouest, les monts Krapacks, proprement dits. Le mont Tatra est le plus élevé des Krapacks de Hongrie; il renferme, ainsi que les groupes inférieurs qui l'entourent, de riches mines métalliques.

Au milieu des montagnes et des plaines Hongroises existent plusieurs lacs et une quantité prodigieuse de marais. Le lac Palic est un des plus remarquables ; il a douze mètres de profondeur (trente-six pieds) : son fond dur et solide est une couche de sel qui contient de la potasse et de la soude.

Au milieu des montagnes de seconde formation ou de calcaire jurassique des comtés de Thurocz, Leptan, Arwa, sont creusées d'immenses cavernes, dont le sol argileux est rempli d'ossemens de grands mammifères : les stalactites y abondent, et dans la caverne noire (Czierna), les eaux, en se congelant dans ces glacières naturelles, ont produit des obélisques de glace, dont l'éclat contraste avec le sombre des voûtes ténébreuses qui les couvrent. Vers la base du Tatra coule un ruisseau qui, au dire des gens du pays, fait sortir le sang des pieds. Ce qu'il y a d'exact, c'est que ce ruisseau tient des sels minéraux en dissolution, et qu'il cause des maladies aux paysans qui fauchent les foins des prairies qu'il arrose. Les rochers de Szulyo sont peu éloignés de ce ruisseau. Leur amphithéâtre, taillé à pic, enferme d'un mur infranchissable un village solitaire. Ailleurs on voit les trois lacs vert, noir et blanc, qui doivent leur teinte, en partie, au reflet des rochers voisins, et à la nature de leur fond.

Deux grottes singulières se voient encore dans le comté de Torna. La première, celle d'Agtelek, a une étendue immense et se compose d'un labyrinthe de cavernes et de routes souterraines, orné d'admirables stalactites ; la seconde, la grotte de Szilitze, se remplit de glace pendant les grandes chaleurs de l'été et devient un dépôt précieux de rafraîchissemens pour les villages voisins ; le passage subit des eaux qui y coulent, du chaud à une température basse et la soustraction rapide de leur calorique, produit cet effet singulier. En hiver, la grotte devient le rendez-vous général des martres, renards, lièvres, mouches et chauve-souris, qui viennent y chercher une température plus douce que celle du dehors.

Dans la Croatie, on remarque la rivière Gyula,

qui n'a aucun écoulement visible ; la Sluinchieza,
qui s'engouffre et disparaît dans un profond précipice après avoir formé quarante-trois belles chutes.
Le vent du nord, que les Croates nomment Borra,
souffle avec une intensité extraordinaire dans ce
pays ; sa violence est telle, qu'il soulève des pierres et autres objets d'une pesanteur considérable et
les lance à de grandes distances. Ce terrible Borra
rend le canton de Rudaicza, où il souffle perpétuellement, stérile et inhabitable.

En sortant de la Croatie, et en se dirigeant vers
le nord, on passe dans la Russie méridionale. Dans
la Bessarabie ou Basse-Moldavie russe, le voyageur
ne trouve que lacs, marais, fondrières, bas fonds,
pâturages verdoyans mais fangeux. En suivant
ce dédale aquatique, on arrive à la mer d'Asof
et dans la Krimée, sans avoir été arrêté par
des beautés naturelles d'un ordre supérieur. Viennent ensuite les steppes des Cosaques, les landes du Wolga, et les terrains bas de l'Ural et du
Tereck. Dans le gouvernement de Permie, sur les
rives de la Kama supérieure, commencent les riches
monts Urals, dont les mines fournissent à la Russie,
du fer, du cuivre, de l'or, du platine, du sel et
des pierres précieuses. Les étages inférieurs sont
calcaires et renferment de belles cavernes, vastes
catacombes où gissent les ossemens de l'éléphant
ancien, du mastodonte et autres grands mammi-

fères. La caverne de Koungour est divisée en quatre salles immenses dont l'étendue échappe à la vue, ornées de cristallisations magnifiques, et de réservoirs qui figurent de petits lacs.

Plus loin, vers la mer Blanche, on entre dans la région des lacs; ils sont tellement multipliés qu'on n'en compte pas moins de mille neuf cent quatre-vingt-dix-huit dont les principaux sont le Ladoga et l'Onega, qui méritent le titre de petites mers; dans ce pays des eaux, les cataractes, les chutes, les cascades retentissent de toutes parts au milieu des rochers de granit; de nombreuses îles s'y découpent en rivages festonnés, couvertes de bouleaux au feuillage argenté, et tapissé de lichen, des rennes à la teinte blanchâtre. Le site est mélancolique, solitaire, fréquenté par la renne, la marte et le rat lemming, plus que par l'homme.

En sortant des solitudes polaires, domaine du Lapon, une sorte d'isthme resserré entre la mer Blanche et la mer Baltique, se présente à l'exploration, c'est la Finlande, où nous remarquerons en passant rapidement, les Chaudières des géants, excavations circulaires, creusées dans des rochers, formées par l'action des eaux à une époque reculée, et la ceinture de rocs de granit taillés à pics, hérissés d'obélisques naturels, de pointes aiguës, qui enserre surtout au midi, les côtes de la Finlande et les rendent presque inabordables. La barque du pilote s'engage dans des passes difficiles , où se précipitent d'impétueux courans qui cachent sous l'écume de leurs ondes courroucées de dangereux récifs témoins de plus d'un naufrage.

De la Finlande nous passons dans l'Ingrie , sans nous arrêter , quant à présent , à sa grande merveille, Pétersbourg , la ville de Pierre-le-Grand. En Livonie, pays au terrain granitique , les hauteurs qui ne dépassent pas mille pieds n'ont aucun accident digne d'être observé. La Russie n'offre rien non plus qui frappe les sens , soit par la singularité , soit par l'inattendu. Dans la Lithuanie , on rentre dans un dédale inextricable de forêts et de marais fangeux.

Dans la Pologne, les phénomènes météorologiques sont plus curieux que les accidens du sol. Les aurores boréales , les météores dits étoiles tombantes, qui forment de véritables pluies de feu , les globes ignés, les nuages électriques enflammés, les lueurs phosphoriques sont très-fréquens.

La Pologne autrichienne ou Gallicie , est riche des puissantes couches de sel que renferment les monts Krapacks, du côté du nord , couches dont le gisement est dans une argile sabloneuse que surmonte une roche de sable fin , puis de l'argile et dans quelques points des bancs de sulfate de chaux (pierre à plâtre). C'est dans cette province que se trouvent les fameuses mines de Bochnia et de Wieliczka, que je vous décrirai plus tard.

La Prusse, la Saxe, sont d'admirables pays, bien cultivés, souvent pittoresques, mais plus curieux à parcourir pour l'antiquaire et le savant, que pour l'homme qui recherche les singularités naturelles ; le minéralogiste y verra avec intérêt les mines de sel, de houille et de métaux divers qu'on y exploite.

Au nord de la Moselle, et jusqu'au delà du cours du Rhin, reparaissent les montagnes à volcans, elles ont la plus grande analogie pour la forme et la disposition avec les monts ignivomes de l'Auvergne, elles ont dû être en activité à la même époque. La plus grande curiosité de l'Allemagne méridionale, c'est le Rhin et sa vallée, vallée pittoresque s'il en fût ; bordée de belles montagnes, boisées tantôt de noirs sapins, tantôt de magnifiques arbres forestiers ; sur les croupes de ces hautes collines surgissent de toute part de vieux châteaux féodaux, les uns, parfaitement conservés, les autres, amas de ruines où une vieille tour lézardée, chancelante, élève encore son front dépouillé dans les airs. Sur les bords des eaux du fleuve se mirent de grandes et belles cités, ornées de saintes cathédrales aux murs festonnés et ciselés, aux tours qui semblent lutter avec les monts voisins à qui

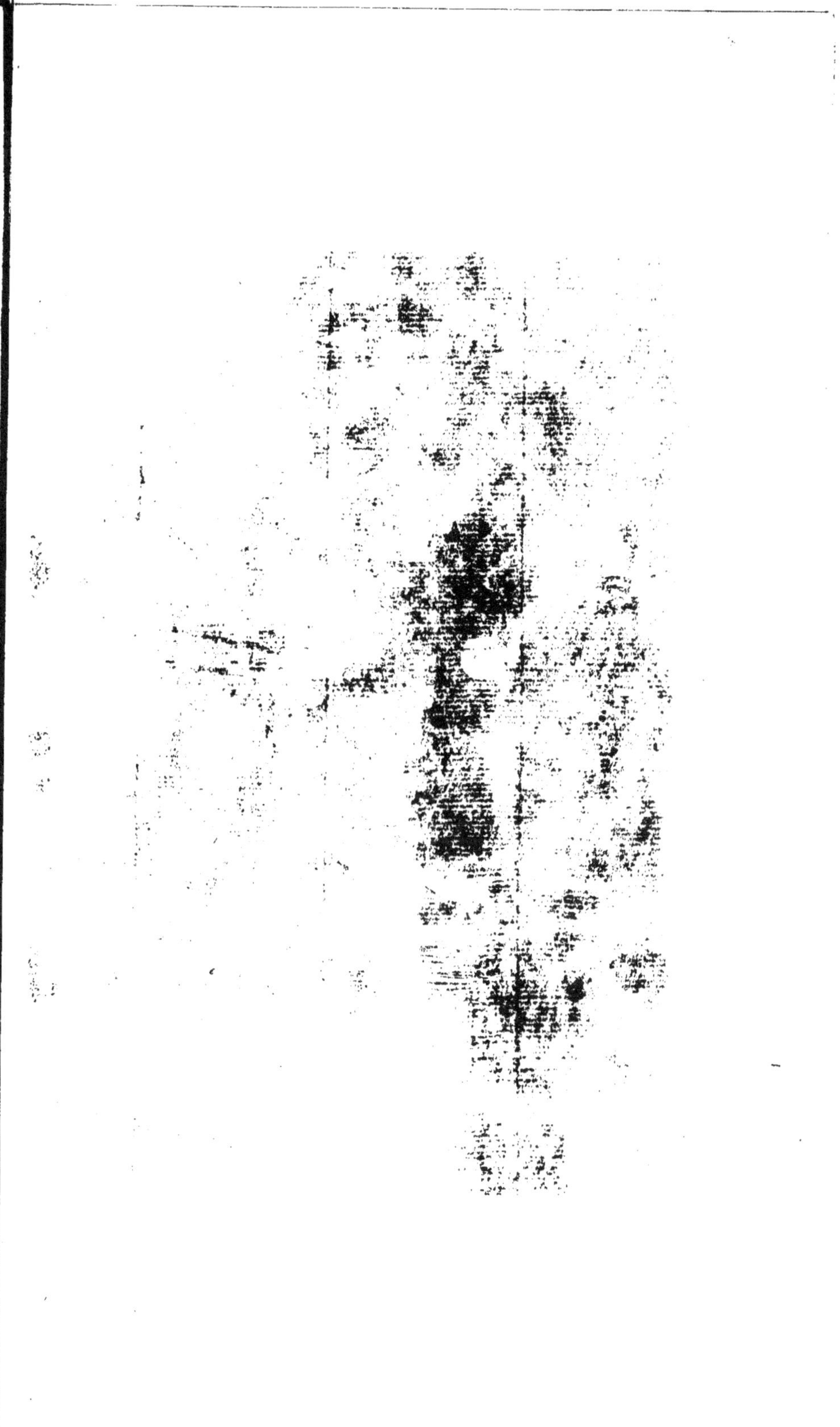

[...] discernai [...]

[...] sève [...] admirables [...] bien
[...] avec pittoresques [...] mais plus curieux
[...] par [...] antiquaire et le savant, que
pour l'homme qui recherche [...] richesses naturelles, le [...] minéralogiste [...] avec intérêt le[s]
[...] de se[s] [...] houill[ères] [...] métaux divers
[...] exploit[és].

[...] de la Moselle [...] répandus [...] leurs
[...] réparaissent [...] cathédraux.
[...] plus grande [...] règle pour la forme et
la disposit[ion] avec les me[ns] ignivomes de l'[au]ver-
g[ne qui] ont dû être en activité à la même épo-
qu[e] [...] les grande[s] curiosité[s] de l'Allemagne [...]
t[out] [...] de Rhin [...] vallée pittoresque
[...] bords [...] montagnes, boi-
sé[e]s [...] de no[mbreux] [...] antiques
[...] se dressent sur les croupes des plus hautes
[...] se dressent [...] les vieux châteaux
[...] les [...] les autres,
[...] de ruines [...] chan-
[...], élevé[e]s [...] sur [...] paisible des [...]
[...] les bords des [...]
[...] les ch[...] des [...] au-
[...] restent [...] tours
[...] les [...] voisins à qui

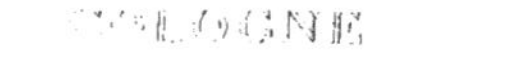

COLOGNE

s'élancera le plus haut vers la région des orages. Puis vient la forêt Noire, ce noble débris de la vieille Hercynie, qui s'étendait dans les temps héroïques de notre Europe, depuis le nord de la Gaule, jusqu'à la frontière de la Chine ; grand chemin des fils de l'Asie, soit qu'ils vinssent peupler l'Europe vierge et inhabitée, soit que, hordes rapides, ils courussent venger les crimes d'une civilisation usée, décrépite, et renverser l'empire des Césars de Rome dégénérée.

La source du Rhin est dans le Mont-Saint-Gothard en Suisse ; ce fleuve coule en décrivant mille replis tortueux jusqu'à Constance où ses eaux en s'étendant forment un beau lac. Le Rhin a plusieurs chutes ou cataractes, la première est dans le canton de Zurich, à une lieue de Schaffouse, près du village de Lauffen : elle tombe du haut des rochers avec un fracas épouvantable qui se fait entendre à trois lieues plus loin lorsque le temps est calme. Un brouillard, formé d'eau divisée en particules très-fine, se colore de tous les feux de l'Iris lorsque le soleil brille. La seconde chute, moins importante, est voisine du village de Coblentz ; elle est produite par une barre de roches qui coupe le lit du fleuve et ne laisse au milieu du courant qu'un étroit passage à peine suffisant pour une barque de pêcheur. Parvenu près de la mer, le Rhin, imposant par son volume, se sépare en deux branches, produit un vaste delta comme le Nil, puis se perd dans l'Océan par plusieurs embouchures.

Une dernière et importante curiosité de l'Allemagne, c'est la caverne de Gailenreuth en Bavière. Elle a son entrée percée dans un rocher vertical, l'arc de son ouverture est de sept pieds et demi de haut. On se trouve d'abord dans une sorte de vestibule, long de quatre-vingts pieds d'où l'on passe dans une grotte dont la voûte a dix-huit pieds d'élévation, cent trente de longueur et quarante de largeur, la voûte s'abaisse ensuite sensiblement jusqu'à n'avoir plus que cinq pieds de hauteur. A l'extrémité, on trouve un passage étroit, puis divers corridors par lesquels on arrive à une troisième grotte dont le diamètre peut avoir trente pieds et la hauteur de cinq à six. Ici l'on est frappé d'étonnement en examinant le sol, qui est pétri de dents et de machoires. A l'entrée de cette grotte, une cavité de quinze pieds, dans laquelle on descend avec une échelle, conduit à une voûte de quinze pieds de diamètre sur trente de haut ; près de cette voûte, on voit une grotte jonchée d'ossemens. En descendant encore un peu une nouvelle arcade conduit à une autre grotte terminée par un gouffre, dans lequel on descend pour pénétrer dans une caverne également remplie d'ossemens. Un couloir mène à une autre grotte, un second couloir à une autre encore, et enfin une troisième haute de quatre-vingts pieds, plus abondante en ossemens que les précédentes. Mais ce n'est pas encore l'extrémité de ce labyrinthe ; plus loin est une autre caverne, enfin des fissures inexplorées qui conduisent probablement dans des cavités inconnues ; car en 1784, en pénétrant par une de ces fentes, on parvint dans une grotte entièrement remplie d'os de lions et de hyènes, animaux qui n'auraient pu y pénétrer vivans, l'ouverture étant trop étroite. Tant d'ossemens entassés par milliers dans ces cavernes, ne peuvent y avoir été entraînés que par les eaux du déluge, lorsque le continent se souleva, et qu'il se fit des fissures intérieures dans lesquelles les eaux se précipitèrent.

De l'Allemagne, nous sommes conduits naturellement en Suisse, pays où tout est beauté : il faut donc renoncer à esquisser, même brièvement, les monts à la tête de neige perdue dans les nuages ; les rochers, les cascades, les défilés, les vertes forêts, les vallées et leurs magnifiques lacs aux eaux limpides qui réfléchissent l'azur du ciel ; le nombre en est trop grand ; il faudrait, pour en parler dignement, un temps dont je ne puis disposer dans nos entretiens.

Abordons actuellement la belle Italie : l'Italie, si riche en monumens et en souvenirs historiques.

D'abord , son Apennin qui la divise en deux versans dans toute son étendue , nous apparaîtra. Comme toutes les chaînes subalpines , l'Apennin n'a pas de crètes très-élevées : le Monte-Amaro , son sommet culminant, n'a que huit mille cinq cent soixante-huit pieds. Dans l'Apennin , les sites diminuent de majesté , comme dans le Jura et les Vosges : souvent ils sont âpres et sauvages , quelquefois frais et gracieux.

Sur le versant des Alpes rhétiennes , les eaux , en descendant des montagnes , se réunissent dans des bassins et forment des lacs : tels sont le lac Majeur , celui de Lugano , de Côme , d'Iseo , de Garda , vastes et superbes nappes d'eau. Dans l'intérieur , sont disséminées en grand nombre des sources minérales , dont plusieurs chaudes , médicamens puissans que le Créateur a semés dans toutes les contrées, pour rendre à l'homme la force et la santé.

L'Italie possède un beau volcan , en activité depuis un grand nombre de siècles , c'est le Vésuve , c'est la dernière des bouches ignivomes qui ont autrefois hérissé la chaîne de l'Apennin. Près du golfe de Naples , divers cratères ont successivement vomi la lave embrasée : la plaine de Capoue n'est formée que de débris volcaniques ; Naples , elle-même , est assise sur un antique courant de laves.

Le lac Arverne, celui d'Agnano, sont d'anciens cratères que les eaux remplissent aujourd'hui. La Solfatare, qui n'exhale plus que des vapeurs sulfureuses, a lancé, dans des temps éloignés, les matières volcaniques les plus denses. Le Vésuve, semblable au Cantal et au Puy-de-Dôme, est le centre des cratères volcaniques de l'Italie : sa hauteur absolue est de trois mille cinq cent quatre pieds : son cratère, vaste cirque creusé en cône, formé de couches de laves superposées, est dominé par une élévation. Du temps de Strabon, le Mont-Somma était le sommet du volcan ; il en est séparé aujourd'hui par la colline de Cantaroni, formée par plusieurs éruptions. Depuis l'an 79 avant l'ère chrétienne jusqu'à notre époque, le Vésuve a éprouvé quarante-deux convulsions. Pendant celle de 1538, un petit volcan se forma dans le sein du lac Lucrin, et le sépara de la mer avec laquelle il communiquait. L'éruption de ce volcan forma le Monte-Nuovo, colline de huit mille pieds de circonférence et de quatre cents de hauteur. Le Vésuve correspond, par son foyer, avec l'Etna, le volcan de la Sicile ; à la vérité, on peut regarder tous les volcans comme en correspondance, puisqu'ils puisent au grand foyer central de la terre. L'Etna ou Gibel, est le volcan gigantesque de l'Europe : sa hauteur est de dix mille deux cent soixante-dix-huit pieds : il forme trois étages, et dans le supérieur est percé son cratère : le feu sort du milieu des neiges. Ses éruptions sont fréquentes ; parmi les récentes, on cite, comme considérables, celle de 1812 qui dura six mois, et celle de 1819. La lave, en 1812, formait un fleuve de feu, large de soixante pieds à son origine, et de douze cents à la base du volcan : elle s'avança jusqu'à deux lieues dans les terres, incendiant tout sur sa route.

Aux environs de l'Etna et du Vésuve, se produit un singulier phénomène, connu sous le nom de salses : ce sont des espèces de volcans de boue. On en observe un surtout à Sassuolo, près de Modène. Plusieurs petits cônes lancent, les uns du gaz hydrogène qui s'enflamme dès qu'on en approche un corps en ignition, les autres projettent, avec le gaz, de l'eau ou de la boue. Aux salses de Sassuolo, il suffit d'enfoncer un bâton dans la vase pour causer une éruption d'eau en forme de jet. C'est la pression du gaz hydrogène qui entraîne le liquide et le force à jaillir avec lui au dehors. Entre le Vésuve et l'Etna sont les îles Lipari, anciens volcans sous-marins, dont le sol est entièrement composé de déjections volcaniques.

Nous reviendrons d'Italie dans l'Europe centrale, en traversant la Péninsule Ibérique. Le Portugal, pays sujet aux tremblemens de terre, est une preuve que ce terrible phénomène reconnaît pour cause une impulsion communiquée par le centre du globe, car le célèbre tremblement de terre qui causa la ruine de Lisbonne, en 1755, fut ressenti au même moment, en Afrique, en Irlande et en Amérique.

En parcourant l'Espagne, il faut consacrer quelques momens à visiter le Mont-Serrat dont la base a une circonférence de huit lieues ; son sommet domine la région des nuages, ses terrasses semées d'ermitages et de monastères, renferment quelques cavernes ornées de brillans stalactites. Du Mont-Serrat, on se rend à Cardona, lieu célèbre par son banc de sel gemme qui est exploité à ciel ouvert. Les mineurs ont creusé jusqu'à cent mètres de profondeur. Rien n'approche de la magnificence de cette vaste cavité ; lorsque les rayons du soleil plongent dans son intérieur, les cristaux limpides du sel brillent et scintillent, ils semblent ruisseler le feu et la lumière, telle partie se nuance de vert, de bleu, de rouge, de violet, et surpasse en éclat les plus riches pierres précieuses ; on dirait d'un vaste trésor renfermant les richesses merveilleuses imaginées par les Arabes dans leurs poétiques et féeriques récits ; c'est là où ils ont puisé pour élever les palais des Aladin et des Haroun-al-Raschild.

Les cascades de Saint-Michel offrent un spectacle non moins splendide : au milieu de montagnes d'où l'on jouit des perspectives les plus belles de l'Espagne, se précipite une imposante masse d'eau qui se brise sur des rocs fantastiquement découpés, et se divise en mille cascades écumantes, c'est un des plus beaux sujets d'étude de ce genre qu'un peintre puisse choisir.

D'Espagne, nous redescendrons en France, dont les beautés naturelles des montagnes nous sont déjà connues, nous traverserons donc rapidement plusieurs départemens, et nous arriverons dans celui de la Haute-Loire qui contient aussi des monumens volcaniques ; le plus curieux pour le géologue, est la Roche-Rouge, près de Brives, c'est une pyramide volcanique de cent pieds de hauteur, entourée d'une ceinture de granit rouge, et qui a retenu dans sa masse des blocs de granit qui hérissent sa surface de la base à la pointe. C'est un des plus curieux exemples du soulèvement des terrains par l'action des feux souterrains. Il faut ensuite visiter le temple naturel, près du village de Gounet, sur les bords de la Loire. Un courant de lave a pris la forme d'un édifice de cent quatre-vingts pieds de hauteur orné de colonnes et d'une tour cylindrique, terminée par un toit conique.

Le département de la Charente, arrosé par neuf rivières, possède plusieurs singularités dignes de remarque : 1° le lit de la Tardouère, parsemé d'une prodigieuse quantité de gouffres qui absorbent la moitié des eaux de la rivière ; 2° la Bandiat, rivière dont les eaux se perdent comme celles de la précédente et par les mêmes causes ; sa vallée est bordée de collines calcaires minées par d'immenses cavités tapissées des stalactites du plus bel effet ; 3° le Taponnat qui se perd dans des gouffres profonds après un cours de quelques lieues.

Le département du Finistère qui termine la Péninsule armoricaine est célèbre par ses côtes granitiques, hérissées de caps et de récifs, qu'entoure un océan brumeux, fécond en tempêtes. Les noirs rochers de Penmareck sont remarquables au milieu de ce cahos de falaises abruptes par leur aspect morne et sauvage. Mais c'est surtout pendant la tempête que ces rochers deviennent le théâtre de scènes aussi grandes que terribles ; les vents déchaînés soulèvent en montagnes écumantes les masses rugissantes des flots de l'Océan ; les soutiennent comme des murailles gigantesques, les roulent avec fracas, et les précipitent sur les dentelures du sombre granit où, furieux, ils se brisent avec un bruit qui couvre les roulemens et les éclats de la foudre. Malheur au navire qui se trouve en vue de ces rocs redoutables, quand les nuées pesantes et plombées pressent l'air et le font tourbillonner, quand la grande voix de l'Océan mugit, et que ce vieux dominateur du monde sort de sa couche humide pour assiéger les rivages et tenter de les reconquérir.

Nous retrouvons encore des grottes dans le département de la Côte-d'Or : celles d'Arcy-sur-Cure, composées de vastes salles communiquant par des passages si étroits qu'on ne peut les franchir qu'en rampant sur le ventre. Ce qui rend ces grottes dignes d'attention, c'est un lac dont on ne peut trouver le fond, qui remplit une d'elles, et de magnifiques stalactites en forme de colonnes, sonores au moindre choc, qui rendent diverses notes aiguës et graves, dont les échos se prolongeant dans les détours du labyrinthe produisent une mélancolique harmonie.

La grande île située au-delà du détroit de la Manche, est la partie de l'industrie, des riches et commerçantes cités ; elle est renommée pour sa fertilité, ses beaux ombrages, ses magnifiques forêts, mais elle possède un fort petit nombre de merveilles naturelles. Dans le comté de Lancastre, à deux lieues de la ville de ce nom, est une caverne qui engloutit un ruisseau considérable dont la chute dans les abîmes souterrains produit de belles cascades. Le comté de Chester mérite d'être visité ; il renferme un groupe de petites montagnes surmontées d'une centrale plus grande, nommée le Haut-Pic. Ce groupe a des perspectives ravissantes, il est percé de grottes dont l'espace et la hauteur effrayent l'imagination ; on voit dans leur intérieur d'abondantes cascades qui se précipitent dans des gouffres sans fond connu.

Le pays de Galles est aussi un des cantons pittoresques de la Grande-Bretagne. Des montagnes peu élevées hérissent la surface de cette province, et lui donnent quelque chose de l'aspect des Alpes, par leurs flancs nus, déchirés par leurs aiguilles de roc, leurs chutes d'eau, et les petits lacs des vertes vallées. Mais la partie la plus romantique de l'île, c'est l'Ecosse, avec ses monts Cheviots et Grampians, aux têtes chenues, aux versans escarpés, aux vallées profondes, entrecoupées de lacs et de bruyères. Près du vieux château de Dumbarton, est le magnifique lac Lomond, semé de gracieuses îles boisées, et dominé par la masse imposante du Ben-Lhomond. Dans le district d'Athol, l'Almond forme une cascade de quatre-vingt-dix pieds avant de se jeter dans le Tay, et plus loin deux rocs inclinés, se joignant au-dessus de la rivière, produisent un pont naturel d'une seule arche.

Dans l'île de Staffa, une des Hébrides, on admire une magnifique grotte basaltique, décrite pour la première fois en 1772, par sir Joseph Banks, l'illustre compagnon de Cook. La grotte de Staffa est connue en Europe, on ne sait trop pourquoi, sous le nom de grotte de Fingal ; l'expression celtique An-na-fine , dont les naturels se servent pour la désigner, signifie la caverne harmonieuse; Staffa , dans la même langue , veut dire bâton, colonne : c'est un nom qui a été donné à cette île à cause des beaux prismes de basalte qu'elle renferme en abondance.

An-na-fine est admirablement et poétiquement nommée par les Galls des Hébrides; car lorsque le vent de la tempête soulève les flots, son souffle impétueux fait résonner les prismes comme des cordes sonores, alors il s'échappe de la mystérieuse caverne une harmonie grave et religieuse qui semble un chœur des génies des orages. Staffa tout entière est un immense soulèvement de matières métalliques du noyau central terrestre, qui, refroidies par le contact des eaux et de l'atmosphère, s'est cristalisé en colonnes prismatiques si régulières, qu'elles semblent un ouvrage d'art. Un vide énorme entre les prismes a produit la grotte harmonieuse; la mer pénètre dans son intérieur. L'aspect de cette belle grotte rappelle les mille colonnettes, groupées en piliers, des cathédrales gothiques; la voûte se termine même çà et là en ogives imparfaites; le fond est fermé à la manière des chœurs de nos églises. Au milieu de la muraille de droite, on voit un enfoncement terminé par un siége naturel que l'on désigne sous le nom de fauteuil de Fingal. Dans plusieurs endroits les prismes basaltiques sont cimentés par un enduit calcaire qui contient un oxide de fer d'un jaune d'or éclatant; ailleurs, la roche est teintée de vert et d'orangé clair, mais le spectacle n'est jamais plus beau que lors des temps calmes, le reflet de l'azur de la mer ajoute un charme indescriptible à la variété de ces riches couleurs.

Ici je terminerai l'exposé rapide des principales curiosités et singularités dont la nature a orné notre Europe. Il est une région dont je n'ai rien dit, c'est la région septentrionale extrême, qui a été peu décrite, mais que l'on ne doit pas supposer déshéritée de tout ornement. La Norwège, par exemple, a un aspect pittoresque, ses montagnes sont peu élevées, mais comme celles de l'Ecosse, et plus même peut-être, elles sont accidentées, surmontées de glaciers dont la tête blanchie, par un hiver éternel, contraste avec la sombre verdure des sapins des régions inférieures; les chutes, les cataractes, les gouffres, les rocs éboulés ou chancelans, les lacs, la voix imposante de l'aquilon, donnent à un grand nombre de ses sites une teinte rude et sauvage.

Singularités et curiosités naturelles de l'Asie.

L'Asie, berceau du genre humain, pépinière des peuples, n'est que déserts sablonneux, odoriférans Edens, lacs et montagnes. Dans cette partie du monde, la nature s'est plue à mettre en opposition le luxe des végétaux et la fertilité avec la stérilité nue et dépouillée; les régions populeuses, retentissant des mille bruits de l'agitation des intérêts, avec la solitude silencieuse. Dans le centre de cette belle contrée, s'élève un immense plateau, qui semble un continent jeté sur un autre continent, et au-dessus encore, pyramident deux massifs de montagnes qui sont comme le noyau de toutes les chaînes du globe. La base de cette prodigieuse terrasse est un assemblage de montagnes nues, de rocs immenses, de plaines disposées en gradins.

Du côté qui se lie à l'Europe, le sol asiatique forme une sorte d'isthme très-vaste, limité par les eaux de la Caspienne, le plus grand lac du monde, et d'un autre côté, par les rives de la mer Noire; le mont Caucase, aux sourcilleux sommets, divise cet isthme comme le ferait une muraille transversale. Ce beau système de montagne est célèbre dans les fastes historiques, comme ayant servi de patrie primitive à la race Indo-Européenne, dont ses peuples sont encore le plus beau type. Le Caucase tire son nom des mots zend, caw, cas, pi, montagne blanche, et il le doit aux glaciers et aux pics neigeux de sa partie centrale. Les rochers, les cascades, les précipices du Caucase, sont plus largement dessinés que les accidens semblables de nos Alpes; ses défilés surtout sont extraordinaires. Que l'on se représente des sentiers si étroits, qu'ils livrent à peine passage à un homme; sentiers tantôt suspendus entre des abîmes de plusieurs centaines de pieds de profondeur, tantôt creusés entre deux murs de rochers à pic, entre lesquels on se glisse avec peine; puis tout-à-coup s'élargissant, mais interrompus par le lit d'un torrent qu'il faut franchir; plus loin se resserrant encore, jusqu'à ce qu'une issue, formée par le rapprochement des rocs, produise une véritable porte qu'une grille fermerait aisément. Telles sont les portes caucasiennes et albanniennes, les portes sarmatiques et caspiennes, ouvertures d'autant de défilés.

A l'est du territoire de Schamachie, le Caucase s'abaisse et s'avance en péninsule dans le lac Caspienne. Là, le terrain argileux et salin ne se recouvre que d'une végétation étiolée, faible et souffrante. Ce terrain singulier est rempli de carbone et d'hydrogène qui se distillent en fontaines de naphte et d'huile de pétrole. La principale est à

Balaghan, et près d'elle s'étend le Cham-de-Feu, terrain d'où sort continuellement du gaz hydrogène carboné, qui s'enflamme dans l'air. Une peuplade guèbre, reste des anciens Aroï, disciples de Zerdust, a élevé dans ce champ de petits temples au feu qu'elle adore. Dans l'un, devant l'autel, un tuyau enfoncé en terre donne issue à un courant de gaz qui ne s'éteint jamais. Une flamme semblable et d'un beau bleu s'échappe un peu plus loin de l'ouverture d'un rocher.

L'Asie-Mineure des Anciens, l'Anatolie de nos jours, est une vaste presqu'île, dominée par le massif du Taurus, chaîne qui se rattache au Caucase, et peu connue des modernes. Au centre du rameau occidental du Taurus, doit se trouver un massif de volcans éteints, dont les fissures laissaient encore échapper des flammes dans les derniers siècles de l'antiquité. Strabon place dans la Silicie un antre romantique dont il fait une curieuse description; il indique en Lycie des terrains à jets de gaz inflammable, et des sources incrustantes près d'Hiérapolis. Les côtes de la Caramanie sont un jardin magnifique et d'une grande étendue; des forêts de lauriers et de myrtes couvrent les bords de la mer : des cèdres aux bras horizontaux et à l'ombrage épais, décorent les amphithéâtres des collines dont les terrasses dépendent des groupes du Taurus

Lorsque l'on descend les pentes de l'Ararat et des montagnes inférieures de l'Arménie, au milieu des forêts de cèdres, d'arbres verts et de chênes, on trouve les cataractes de l'Euphrate naissant ; l'abîme dans lequel il disparaît près de Bayazid : puis, à quelque distance, l'ouverture qui permet à ses eaux de réfléchir de nouveau l'azur des cieux. Le fleuve descend ensuite rapidement et avec le mugissement d'un torrent furieux, vers le défilé de Nushar ; il le franchit, serpente sur une plaine élevée, se précipite de nouveau en double cataracte, et libre dès lors de tout obstacle, il roule majestueusement dans une large vallée qui s'ouvre pour former la vaste plaine de la Mésopotamie.

La Mésopotamie, ou contrée située entre le Tigre et l'Euphrate, est un véritable jardin ; les rivages des deux fleuves sont ornés de lilas, de jasmins, de lauriers roses, de vignes, de grenadiers, d'arbres fruitiers de toute espèce. L'olivier, le tabac, le coton, la canne à sucre, les productions végétales les plus précieuses y croissent en abondance ; de magnifiques troupeaux paissent dans de gras et vastes pâturages ; sur les collines se développent des forêts riches en bois de construction. Dans la partie occidentale de cette province, trois cents sources jaillissantes forment la rivière Khabour ; plus loin s'élèvent des montagnes volcaniques ; ensuite commence le désert, dont l'Océan sablonneux se prolonge, d'un côté, dans l'Arabie, la Syrie, l'Egypte, et se réunit en Afrique aux plaines sans bornes du Saharah, et d'un autre côté s'avance à travers la Perse et la Bactriane, pour joindre le Kobi et les autres déserts de la Haute-Asie. Quelques sources saumâtres, des herbes dures et salines, des landes couvertes d'absinthe amère, de mimosa maigres et buissonneux, voilà quelle est la végétation habituelle de ces solitudes que foulent d'immenses troupeaux de gazelles sveltes et légères, des hordes d'ânes sauvages à la haute stature, au pied véloce et toujours assuré. Sur le bord des eaux, le lion ou la penthère campent dans les joncs et les roseaux, guettent la proie timide qui doit assouvir leur faim ; les rugissemens de ces terribles animaux dominent seuls le silence de ces sauvages solitudes. Çà et là, semblable à des îles, sont semés de verts et riants oasis : autour d'une source d'eau vive et abondante dont le cristal reflète le feuillage gracieusement incliné du saule de Babylone, s'élève le mobile panache des palmiers et la cîme flamboyante du grenadier ; le tamarinier étale ses fruits agréablement acides ; le citronnier, ses pommes d'or rafraîchissantes. C'est alors que le voyageur, épuisé de fatigue, de soif et de chaleur, goûte le charme du repos, du frais ombrage, savoure avec bonheur l'eau délicieusement fraîche de la fontaine, et bénit Dieu de ce

qu'il a répandu si abondamment ses dons jusque
dans les lieux les plus arides.

Les aspects pittoresques de la riche Mésopotamie
se reproduisent en Syrie et dans la fertile Galilée.
Cette ancienne province du pays des Hébreux semble être la patrie de la vigne, les ceps y prennent
jusqu'à deux pieds de diamètre, et leurs branches
s'allongent horizontalement, puis retombant en festons gracieux, forment des salles de verdure; une
seule grappe de raisin, longue de trois pieds, suffit
au repas de tout une famille. Entre la Syrie proprement dite et la Palestine, s'élève le Mont-Liban,
jadis renommé pour ses forêts de cèdre.

Aujourd'hui le Liban est dépouillé de ces arbres
majestueux, son antique parure ; les forêts qui
fournirent tant de flottes aux Phéniciens et aux
Hébreux, d'où sortirent les charpentes incorruptibles
du palais-temple de Jérusalem, n'existent plus que
dans les souvenirs ; mais ses croupes onduleuses
produisent encore les lys blancs et orangés, la superbe amaryllis, et mille autres végétaux odorans
et précieux. Les neiges de ses cîmes, que les
nuages dérobent souvent à la vue, alimentent de
nombreuses cataractes qui sillonnent les rochers,
les minent, et les transforment en ravins et en
précipices profonds.

La merveille de la Palestine, c'est son lac

Asphaltite ou mer Morte, long bassin, aux bords arides, nus, désolés, rempli par des eaux noires et salées, qui ne nourrissent aucun poisson, mais exhalent une vapeur empestée. Rien n'est plus solennellement terrible que le silence de mort de cet épouvantable désert; pas de buisson sur les rives; jamais elles ne retentissent de la douce musique des oiseaux, jamais les animaux des solitudes n'en approchent pour se désaltérer, à peine si le vent peut soulever la vague pesante. Le bitume détaché des couches souterraines, nage souvent à la surface et s'accumule sur la rive. Là fut autrefois une verte et belle vallée, orgueilleuse de ces cinq villes, Sodome, Gomorre, Adama, Seboïm et Segor; un seul jour a suffi pour les anéantir et les réduire en cendre. Le feu du ciel, tombé sur le terrain bitumineux, causa un vaste incendie, et lorsque la flamme disparut, il ne restait rien qu'un immense tombeau, un lac infect, produit par l'affaissement du terrain dans un amas d'eaux souterraines.

Les sables sans limites, le désert, recommencent au-delà des collines qui bordent la mer Morte; le désert, avec ses grandes et saisissantes scènes, ses ouragans, qui soulèvent dans l'air embrasé des vagues arénacées, qui roulent des trombes de poussière sous un ciel semblable à une voûte d'airain rougi au feu. Le désert avec son simoun pestilentiel, qu'on ne peut respirer sans mourir.

La caravane qui navigue sur le dromadaire.
dans cet océan solide, voit avec effroi un point
rougeâtre paraître à l'horizon, le terrible simoun
approche. Hommes et animaux se couchent à terre,
et osent à peine respirer. L'ouragan souffle et brûle.
heureux s'il passe rapide et sans moissonner de
victimes. Mais après ces p'aines désolées paraît la
riante Arabie, l'Arabie que les siècles ont surnom-
mée heureuse, l'Arabie qui produit l'encens, la
précieuse fève de Moka, et le baume parfumé de
la Mecque. La canne à sucre, les palmiers, les
dattiers, le bananier, l'oranger, le figuier à la
gomme, l'accacia, le vert sycomore, entourent
d'une enceinte voluptueuse les riches cités de cette
terre bénie.

Si, parvenu à l'extrémité orientale et septentrionale de l'Arabie, un voyageur s'embarque sur le
golfe Persique, la terre qu'il atteint sur la rive
opposée est l'antique empire des Cyrus et des
Xercès. Là, se renouvellent les impressions reçues
en Syrie et en Arabie; des montagnes, des déserts,
des lacs salés, des plaines fertiles, des vallées qui
sont de rians et frais jardins, témoins des amours
du rossignol et de la rose, tant de fois chantés
par les poètes persans. Au nord de la Perse, il
remarquera le lac Caspienne, immense nappe d'eau
salée, de deux cent soixante - quinze lieues de

longueur, sur cent lieues de largeur, sans issues apparentes pour les eaux des fleuves qui s'y jettent. Le niveau de la mer Caspienne est de soixante pieds plus bas que le niveau de la mer Noire : son bassin est une immense dépression du continent qui contient, soit un reste des eaux de l'Océan qui s'est retiré du sol de l'Asie soulevé, soit les eaux d'un immense golfe uni à la mer Noire par un détroit qui aurait disparu pendant une violente secousse du sol asiatique.

La Tartarie touche au lac Caspienne : ce pays est une des pentes du grand plateau central; c'est une suite de plaines désertes, couvertes tantôt de sables arides, tantôt d'herbes que paissent d'immenses troupeaux de tarpans ou chevaux sauvages, plaines entrecoupées par les bassins de grands lacs, tels que l'Aral. Après l'avoir parcourue, on monte les étages de l'Ural, et l'on parvient dans la froide Sibérie, la patrie des glaces et des hivers. Les lacs salés sont très-communs dans les déserts sibériens; le plus extraordinaire est le lac Mugissant, placé à peu de distance de la rivière d'Ouibat. On entend sur ce lac un bruit épouvantable, comme d'affreux hurlemens, bruit qui ne peut s'expliquer que par de violens courans d'air souterrains, ou des commotions intérieures.

En traversant la Mantchourie pour descendre vers

la Chine, les sites charmans embaumés par les fleurs, les jardins naturels reparaissent, et aux végétaux de l'Asie, s'unissent naturellement ceux de notre Europe. L'infortuné Lapeyrouse versa des larmes de joie en abordant sur les côtes de cette terre dont l'aspect lui rappelait sa patrie. Le chêne robuste et le sapin altier y dominent les forêts. Sous leurs ombrages croissent le muguet et la violette. Le saule, au feuillage argenté, s'élève brillant de parure, sur le bord des eaux vives, dans lesquelles se mirent les lys parfumés, les azéroliers, les orchis, et les brillantes salicaires.

L'empire de Tchoung-Kouë, ou du centre de la terre, nom que les Chinois orgueilleux donnent à leur patrie, touche à la Mantchourie. Pour l'Européen, il est peu de contrées aussi peu connues que la Chine, si ce n'est l'Afrique centrale. Ce pays doit être néanmoins riche en beautés naturelles, car il renferme des montagnes rivales de nos Pyrénées, telles que la chaîne Mangienne, et des fleuves majestueux, au cours immense, se développant sur une étendue de huit cents lieues, comme le Hoang-ho, et recevant des affluens dont la source est à deux cent soixante-dix lieues du confluent.

Les plus hautes montagnes de la Chine, celles que les relations des indigènes et des missionnaires représentent comme couvertes de neiges perpétuelles, sont : 1° dans la province de Yu-nan, le Siuë-chan à la double cime, le Than-hi-chan, le Olun-chan, le Tsiang-thsang-chan, le Yu-loung-chan, massif colossal surmonté de plusieurs glaciers, le Matheou-chan ; 2° dans la province de Koueï-tcheou, le Siuë-chan : ce nom, qui signifie montagne de neige, est commun à plusieurs monts, le Yang-ling, le Tan-hing-teng-chan ; 3° dans la province de Ho-nan, le Phing-y-chan ; 4° dans la province de Sse-tchouan, le A-lou-chan, le Ta-siuë-chan, le Pé-yan, le Rieou-kio-chan, le Min-chan, l'immense glacier Soung-phang-thing, et trois autres montagnes du nom de Siuë-chan ; 5° dans la province de Hou-pé ; le Kian-kou-chan et le Yuan-ti-chan ; 6° dans la province de Kan-sou, dix montagnes ; 7° celle de Chensi, quatre, le Thaï-pe-chan, le Han-chan, le Ta-pa-ling et le Thsieou-chan ; 8° dans la province de Chan-si, sept montagnes ; 9° dans celle de Tchy-ly, quatre ; 10° le Siuë-foung-chan, dans la province de Fou-kien.

La nature géologique des montagnes et du sol chinois est peu connu. D'après M. Rémusat, le terrain de la province Pé-tché-li-ou de Pé-king ainsi que de la côte sud-est, du côté de Formose, serait de formation secondaire ; dans le Chan-si, le Kiang-sou et le An-hoëi, de formation primitive ; les parties septentrionales de l'empire possèdent des richesses fossiles inépuisables en houille et en sel gemme. Rien ne porte à penser qu'il y ait encore des volcans brûlans en Chine, mais les cratères éteints y sont en grand nombre, et des voyageurs arabes du ixe siècle, virent une montagne ignivome dans son dernier période.

M. Pauthier, savant sinologue à qui nous devons plusieurs traductions d'ouvrages philosophiques chinois très-importans, décrit dans une notice historique sur l'empire de Tchoung-Koué, deux phénomènes naturels très-remarquables, les puits de feu et les puits salans. Voici son récit.

« Il existe en Chine de puits de feu (ho-tsing),
» qui descendent à des profondeurs considérables.
» Ce phénomène, qu'Aristote dit avoir existé en
» Perse, dans des sonterrains où les anciens sou-
» verains de ce pays faisaient cuire leurs alimens,
» est très-commun dans certaines provinces de la
» Chine, où on l'emploie à des usages économi-
» ques bien plus productifs. On est même étonné de
» tout le parti que les Chinois ont su tirer de ces
» immenses miau s de feu souterrain. On en trouve
» la mention dans les poésies du célèbre Tou-Fou,
» poète chinois, qui vivait sous les Thang, dans
» le milieu du viiie siècle de notre ère. Ce poète,
» que M. de Rémusat appelait le Byron de la
» Chine, cite, dans une comparaison, la flamme
» bleue qui sort des puits de feu, et les commen-
» tateurs confirment l'existence de ces phénomènes,

» en les décrivant plus au long que le poète, et
» en indiquant les provinces de l'empire où ils se
» trouvent. Le P. Semedo en a fait mention, il y
» a près de deux cents ans, dans son *Histoire*
» *Universelle de la Chine* (p. 30), où il dit :
» Comme nous avons des puits d'eau en Europe,
» ils en ont de feu à la Chine, pour les services
» de la maison : pour ce qu'y ayant au-dessous
» des mines de soufre, qui déjà sont allumées,
» ils n'ont qu'à faire une petite ouverture, d'où
» il sort assez de chaleur pour faire cuire tout ce
» qu'ils veulent. Au lieu de bois, il se servent
» communément d'une espèce de pierres qui ne
» sont pas petites comme en quelques-unes de nos
» provinces, mais d'une grandeur considérable. Les
» mines d'où l'on tire cette matière qui brûle si
» aisément (c'est notre charbon de terre ou houille),
» sont presque inépuisables. En quelques endroits,
» comme à Pékin, ils savent si bien la préparer,
» que le feu ne s'éteint ni le jour ni la nuit. Le
» P. Trigaut, dit aussi : Pour le feu, ce royaume
» fournit non-seulement du bois, des roseaux, du
» chaume, mais il y a une sorte de bitume, tel
» que celui qui se tire aux Pays-Bas, principale-
» ment en l'évêché de Liége. Il est plus abondant
» et meilleur aux provinces du septentrion. On le
» tire des entrailles de la terre, lesquelles esten-
» dues en grande longueur, en rendent l'usage

» perpétuel, et par la modération du prix, le
» tesmoignent être si copieux, qu'il fournit de
» matière aux plus pauvres.

» Ce phénomène géologique qui s'observe aussi,
» mais avec de bien moins grandes proportions,
» dans plusieurs mines de houille, en Europe, et
» dans des lieux où il se produit naturellement,
» comme en Italie, sur la pente septentrionale des
» Apennins, est confirmé par la lettre d'un récent
» témoin oculaire, insérée dans *les Annales de l'Assoc.*
» *de la propag. de la Foi* (janvier 1829). M. Imbert
» parle ainsi des puits salans et des puits de feu
» que l'on voit à Ou-tong-kao, près de Kia-ting,
» dans le département du même nom, province de
» Sse-tchouan, au pied des hautes montagnes appar-
» tenant aux chaînes du Thibet, à 112° 11' de
» longitude méridionale, et 29° 33' de latitude sep-
» tentrionale.

» Il y a, dit-il, quelque dizaine de milles de ces
» puits salans, dans une espace d'environ dix
» lieues de long sur quatre ou cinq lieues de
» large. Chaque particulier un peu riche se cherche
» un associé et creuse un ou plusieurs puits. C'est
» avec une dépense de 7 à 8,000 francs. Leur
» manière de creuser ces puits n'est pas la nôtre.
» Ce peuple vient à bout de ses desseins avec le
» temps et la patience, et avec bien moins de

» dépense que nous. Il n'a pas l'art d'ouvrir les
» rochers par la mine, et tous les puits sont
» dans le rocher. Ces puits ont ordinairement de
» quinze à dix-huit cents pieds français de profon-
» deur, et n'ont que cinq ou au plus six pouces
» de largeur (*).

» L'air qui sort de ces puits est très-inflamma-
» ble. Si on présentait une torche à la bouche d'un
» puits, quand le tube plein d'eau est près d'arri-
» ver, il s'enflammerait en une grande gerbe de
» feu de vingt à trente pieds de haut, qui brûle
» et détruit avec la rapidité de la foudre. Cela
» arrive quelquefois par l'imprudence ou la malice
» d'un ouvrier qui veut se suicider en compagnie.
» Il est de ces puits d'où l'on ne retire point de
» sel, mais seulement du feu, on les appelle *puits*
» *de feu.* Je vais vous en faire la description. Un
» petit tube en bambou, ferme l'embouchure de
» ces puits et conduit l'air inflammable où l'on
» veut ; on l'allume avec une bougie, et il brûle
» continuellement. La flamme est bleuâtre, ayant
» trois ou quatre pouces de diamètre. Les grands
» puits de feu sont à Tse-lieoutsing, à quarante
» lieues d'ici, on emploie leur feu pour chauffer
» des chaudières, et pour s'éclairer. Quand les Chi-
» nois creusent les puits de sel, ayant atteint mille

(*) On voit qu'ils ne sont autres que nos puits artésiens

» pieds de profondeur, ils trouvent ordinairement
» une huile bitumineuse qui brûle dans l'eau. On
» en recueille par jour jusqu'à quatre ou cinq jarres
» de cent livres chaque. Cette huile est très-puante :
» on s'en sert pour éclairer la halle où sont les
» puits et les chaudières de sel.

» Si je connaissais mieux la physique, je vous
» dirais ce que c'est que cet air inflammable et
» souterrain dont je vous ai parlé (*). Je ne puis
» croire que ce soit l'effet d'un volcan souterrain,
» parce qu'il a besoin d'être allumé ; et qu'une
» fois allumé, il ne s'éteint plus que par le moyen
» d'une boule d'argile qu'on met à l'orifice du
» tube, ou à l'aide d'un vent violent et subit. Je
» crois plutôt que c'est un gaz ou esprit de bitu-
» me ; car ce feu est fort puant, et donne une
» fumée épaisse. Les Chinois païens et chrétiens
» croient que c'est le feu de l'enfer, et ils en ont
» grand peur. De fait, il est beaucoup plus violent
» que le feu ordinaire.

» Tse-lieou-tsing, situé dans les montagnes, au bord
» d'un petit fleuve, contient aussi des puits de sel
» creusés de la même manière qu'à Ou-tang-kiao.
» Dans une vallée se trouvent quatre puits qui
» donnent du feu en quantité vraiment effroyable,
» et point d'eau. Ces puits, dans le principe, ont

(*) C'est du gaz hydrogène carboné.

» donné de l'eau salée ; l'eau ayant tari, on creusa,
» il y a une douzaine d'années , jusqu'à trois mille
» pieds et plus de profondeur, pour trouver de
» l'eau en abondance : ce fut en vain ; mais il
» sortit soudainement une énorme colonne d'air,
» qui s'exhala en grosses particules noirâtres. Cela
» ne ressemble pas à la fumée , mais à la vapeur
» d'une fournaise ardente. Cet air s'échappe avec
» un bruissement et un ronflement affreux qu'on
» entend de fort loin.

» L'orifice du puits est surmonté d'une caisse de
» pierres de taille qui a six ou sept pieds de hau-
» teur, de crainte que par inadvertance ou par
» malice , quelqu'un ne mette le feu à l'embou-
» chure du puits. Ce malheur est arrivé en août
» dernier. Dès que le feu fut à la surface du puits,
» il se fit une explosion affreuse, et un assez fort
» tremblement de terre. La flamme qui avait en-
» viron deux pieds de hauteur, voltigeait sur la
» superficie du terrain sans rien brûler. Quatre
» hommes se dévouèrent, et portèrent une énorme
» pierre sur l'orifice du puits ; aussitôt elle vola en
» l'air ; trois hommes furent brûlés, le quatrième
» échappa au danger ; ni l'eau, ni la boue ne purent
» éteindre le feu. Enfin, après quinze jours de
» travaux opiniâtres, on porta de l'eau en quantité
» sur une montagne voisine ; on y forma un lac,
» et on lâcha l'eau tout-à-coup ; elle vint en quan-

» tité avec beaucoup d'air , et elle éteignit le feu.
» Ce fut une dépense d'environ trente mille francs.
» somme considérable en Chine.

» A un pied sous terre , sur les quatre faces du
» puits , sont entés quatre énormes tubes de bam-
» bou , ou conducteurs du gaz , qui l'apportent
» sous des chaudières. Un seul puits fait bouillir
» plus de trois cents chaudières. Chaque chaudière
» a un tube conducteur du gaz , en bambou , à
» l'extrémité duquel est un tube de terre glaise ,
» haut de six pouces , ayant au centre un trou d'un
» pouce de diamètre. D'autres bambous mis en
» dehors éclairent les rues et les halles. On ne peut
» employer tout le gaz , l'excédant est conduit hors
» de l'enceinte de la saline par trois cheminées ,
» sur lesquelles voltigent deux énormes gerbes de
» feu. La surface du terrain est extrêmement chaude ,
» et brûle sous les pieds ; en janvier même , tous
» les ouvriers sont à demi-nus , n'ayant qu'un petit
» caleçon pour se couvrir. Dans l'hiver , pour se
» chauffer , les pauvres creusent en rond le sable ,
» à un pied de profondeur ; une dizaine de mal-
» heureux s'asseoient autour ; avec une poignée de
» paille , ils enflamment le gaz qui se rassemble
» dans le creux , et ils se chauffent de cette
» manière aussi long-temps que bon leur semble :
» ensuite ils comblent le trou avec du sable , et
» le feu est éteint. »

Mais j'aurai plus à parler de la Chine, en esquissant le tableau des œuvres de l'industrie humaine (*), qu'en décrivant les merveilles de la création. L'intérieur de l'Indo-Chine, ou de Siam, de la Cochinchine, de l'empire Birman, sont également pour nous des contrées mystérieuses; par analogie, nous pouvons conclure que la nature y déploie autant de luxe et de richesses que dans les autres contrées.

Dans l'Inde septentrionale, on est de suite frappé par la majesté sublime des montagnes. D'après le major anglais Crawfurd, le sommet le plus élevé de la chaîne de Bhoutan, atteint à vingt-cinq mille pieds au-dessus du niveau de la mer, et le Chumulari aurait vingt-sept mille pieds.

Dans des montagnes aussi gigantesques, l'imagination peut aisément se figurer ce que doivent être les accidens de terrain, la hauteur et l'étendue des glaciers, la profondeur des précipices, la masse imposante des rochers, le volume immense des torrens et des chutes d'eau. Vallées, lacs, défilés, aspects grandioses, sites sauvages, perspectives ravissantes, pentes boisées, tout ce que nous observons dans nos Alpes se reproduit ici, mais dans un cadre taillé sur de plus hautes proportions. Il

(*) Voyez CHEFS-D'OEUVRE DES HOMMES, 1 vol in-8°

en est de même des fleuves de cet antique Sind ,
ou Indus , de la majestueuse Gangâ , du Brahmapoutra aux mille détours. Mais quelle végétation
vigoureuse , riche de formes et de parfums , est
arrosée par leurs eaux ! Ici des djongles de roseaux
qui forment d'immenses forêts humides , et ces roseaux sont les bambous et les rotans , dont l'épi
se balance dans les airs à soixante pieds au-dessus
des racines , que baignent les ondes. Ce sont les
retraites perfides des gravials et du tigre , du rhinocéros et des serpens ; plus loin s'élèvent des forêts
de figuiers de banians , de cocotiers , de palmiers ,
de tek , arbre au bois incorruptible , d'ébéniers ,
le bois de fer , de ponna , de sacou ; sur les
bordures de ces groupes majestueux , brillent de
leur admirable parure les camphriers , les cannel-
liers , le sandal rouge , le dracena , les gommiers
à laque et à gomme gutte , les robinia au feuillage
léger , les bananiers ; protégés par l'ombrage de
ces végétaux , on voit croître au-dessous les bigno-
niers , le pandanus odorant , la rose de cachemire ,
qui fournit l'essence la plus précieuse , les goya-
viers, les manguiers, les ananas. Cet admirable pays
est le trésor de l'univers, il réunit les productions
végétales et minérales les plus recherchées.

Singularités et beautés naturelles de l'Afrique.

De tous les continens, l'Afrique est le moins connu, quoiqu'il fasse partie de l'ancien monde, et que des peuples commerçants de l'antiquité, tels que les Phéniciens et les Carthaginois, aient long-temps trafiqué avec ses populations. Nos connaissances sur l'Afrique sont probablement moins étendues que celles des anciens Asiatiques.

L'Afrique est composée de terres basses formant ses rivages, son littoral, et de terres élevées disposées par terrasses, dont lensemble produit un vaste plateau ; les chaînes de montagnes africaines ont peu de hauteur dans les parties connues, mais l'analogie fait présumer qu'il y a au centre de ce continent, sous l'équateur même, des montagnes couvertes de neiges éternelles.

L'Afrique, plus encore que l'Asie, est la patrie du désert. A l'aspect de ces plaines de sables d'une effrayante étendue, où l'on rencontre, au lieu de végétaux, des coquillages marins, des couches de sel, des sources et des lacs d'eau saumâtre, il est impossible de repousser l'idée que c'est là un ancien fond de mer, soulevé et desséché. Le Saharah, est un des plus grands déserts de l'Afrique ; il s'étend depuis l'Egypte et la Nubie jusqu'à l'Océan atlantique, de l'est à l'ouest ; et depuis le Niger jusqu'aux derniers étages inférieurs du Mont-Atlas, dans la direction du nord au sud.

L'intérieur de cette vaste nappe de sable mouvant, renferme des dépôts considérables de sel marin d'une blancheur éblouissante ; dans plusieurs cantons, on taille même cette substance comme le marbre et on l'emploie à la construction des maisons.

Une planète aromatique du genre thym, des orties brûlantes, des ronces, des arbustes épineux, des buissons d'acacia, telle est la végétation du Saharah ; ses limites sont entourées de forêts de gommiers, repaires où se cachent le lion, la panthère et les singes, tandis que l'autruche et les gazelles parcourent les sables. De loin en loin, comme dans le désert d'Asie, s'élèvent de riants et frais oasis ; quelques-uns, vastes et fertiles, couverts de pâturages, abreuvés de sources abondantes, ombragés par le palmier et le datier, servent de refuge à des tribus arabes, ou aux descendans des Numids. Les plus belles de ces retraites sont les oasis de Hoden, d'Audjélah, de Syouah.

Les pluies bienfaisantes sont rares dans les solitudes arénacées du Saharah ; elles ne tombent que depuis juillet jusqu'à octobre. Pendant les autres mois de l'année, la sécheresse est horrible ; l'air, échauffé par les rayons du soleil que réfléchissent

les sables, prend une température brûlante, et est
entièrement privé d'humidité ; la voûte céleste n'a
plus le beau bleu azuré du ciel de France et
d'Italie, mais elle est rouge comme le reflet d'un
vaste incendie ; quelquefois l'air du désert, fortement dilaté par la chaleur, se trouve tout-à-coup
comprimé par des masses d'air plus froid qui arrivent des côtes, alors une horrible tempête s'élève.
des trombes de sable brûlant et d'une poussière
salée très-fine, obscurcissent l'air, la surface du
désert se soulève en vagues montagneuses comme
celles de l'Océan, c'est le Simoun meurtrier, dont
l'inconcevable aridité dessèche les poumons, et
absorbe l'eau renfermée dans les outres des cara-
vanes. Des tribus entières périssent quelquefois dans
ces orages sans eaux du désert.

Malgré l'aridité qui domine dans la nature de
l'Afrique, on rencontre, dans cette contrée extraordinaire, quelques grands cours d'eau, tels que le
Nil, le Niger, le Sénégal et la Gambie

Le Nil, de tout temps, a été regardé comme la
merveille de l'Egypte, formé de la réunion des
rivières Tacazé, fleuve bleu et fleuve blanc ; ses
véritables sources restent encore inconnues, si l'on
admet que le dernier de ces courans, absorbe les
autres et se continue sous le nom de Nil, après
leur triple réunion. D'après les récits de plusieurs
voyageurs, il paraît que le Nil communique avec

le Niger, par des lacs et des canaux naturels. En sortant d'Abyssinie pour entrer en Nubie, le Nil est arrêté par deux barres de rochers peu élevées, qu'il franchit en bouillonnant, ces cascades ont reçu le nom trop pompeux de cataractes, qui ne convient qu'à des chutes considérables; la troisième cataracte est près de Syène, elle n'a que quatre pieds de hauteur. Depuis le tropique du Cancer, qu'il coupe à angle droit, jusqu'à la mer Méditerranée où il se jette, le Nil coule dans la vallée d'Egypte large de trois lieues, longue de deux cents, encaissée dans deux chaînes de collines qui la séparent du désert. Dotée par le créateur d'un ciel toujours serein, l'Egypte aurait été stérile comme le Saharah et les sables de l'Arabie, sans son fleuve, qui est comme sa providence. Par suite des grandes pluies annuelles des tropiques, qui tombent abondamment en Ethiopie, le Nil déborde au solstice d'été, s'élève jusqu'à l'équinoxe d'automne, couvre toute la vallée, l'engraisse d'un abondant dépôt de limon, diminue progressivement, et est rentré dans son lit, lorsque nos climats voient commencer le solstice d'hiver. C'est l'époque des semailles; et la végétation se développe avec une force d'activité prodigieuse, sans travaux trop pénibles pour le cultivateur.

L'Egyptien ne regarde pas comme une calamité la sécheresse de l'atmosphère de sa patrie; loin de là, il est persuadé, quoique à tort, peut-être, que la pluie nuirait en favorisant la germination d'une foule d'herbes parasites; ce qui se borne à dire qu'il faudrait donner plus de soin à la culture. La cause de la sérénité constante de l'air, est que les vapeurs produites par l'évaporation des eaux méditerranéennes, n'étant attirées par aucun sommet, passent rapidement, et vont s'accumuler sur les montagnes équatoriales de l'Afrique. Cependant, les grandes plantations de bois, exécutées depuis plusieurs années, semblent devoir modifier la nature du climat, car on remarque qu'elles ont rendu les pluies plus fréquentes.

L'Egypte change d'aspect trois fois en une année; pendant la crue du Nil, c'est une mer semée d'iles nombreuses couvertes d'habitations, des milliers de barques sillonnent l'onde dans toutes les directions; on se croirait au milieu d'un archipel de l'Océan. Aussitôt après la retraite des eaux, la vallée se transforme en un vaste et beau jardin, qu'embellissent les palmiers, les dattiers, les odorans citronniers, le précieux indigo, le cotonnier, le jasmin, la rose, et mille cultures diverses. A l'époque des grandes chaleurs, avant le solstice d'été et le débordement du fleuve, le sol devient aride, poudreux, nu, dépouillé de sa magnifique parure verte émaillée de fleurs, l'air est rouge, embrasé par le souffle du vent brûlant du désert.

En s'avançant dans le nord, après avoir quitté l'Egypte et traversé une partie du désert, on arrive aux pentes du Mont-Atlas, chaîne très-étendue, divisée en deux branches, le grand et le petit Atlas. C'est dans le grand que sont les pics dominans, et qui, selon M. de Humboldt, ne doivent pas avoir moins de onze mille pieds au-dessus du niveau de la mer, car ils sont couverts de neiges perpétuelles. Cette chaîne est d'une formation récente, car on y rencontre des amas considérables de coquillages et de débris de corps marins. Le versant de l'Atlas, du côté de la Méditerranée, est d'une fertilité remarquable, sa position entre la zône tempérée et la zône brûlante, le rend propre à la culture des végétaux des deux hémisphères, nord et sud. Là est notre belle colonie d'Alger, dont la prospérité future est incontestable.

Il faut traverser de nouveau le désert, mais sur un point différent, pour arriver dans la Guinée et la Sénégambie, pays des hautes températures, où le thermomètre monte jusqu'à 36 et 44 degrés. Dans cette contrée, le basalte est abondant, le terrain est disposé en terrasses et les chutes de rivières se rencontrent fréquemment, le Rio-Volta entre autres est une suite de cascades non interrompues jusqu'à la mer. Après la saison des pluies, il est impossible de voir une végétation plus riche que celle de ces contrées. Le baobab, géant des végétaux, l'elaïs ou arbre à l'huile, le précieux schéa, qui fournit un beurre exquis, les palmiers, cocotiers, manguiers, tamarins, bananiers, sycomores, orangers, citronniers, grenadiers, le courbari, le papayer, une foule de fleurs, les unes aromatiques, les autres ravissantes d'éclat, croissent naturellement autour de la simple case du Nègre, qui vit insouciant comme un enfant, au milieu de ce beau paradis.

L'Afrique est si peu connue, qu'il faut passer au Cap de Bonne-Espérance pour avoir quelque description authentique. La côte offre à peu près, depuis le Sénégal jusqu'au Cap, le même aspect de fertilité.

Aux environs du Cap, se développent de vastes plateaux de plaines, sans cours d'eau, que l'on nomme *karros*. Ce n'est pas le désert aride et sablonneux, mais une vaste solitude, uniforme, ornée pendant plusieurs mois d'une pompeuse végétation. Du milieu des graminées, s'élancent des lys à la tête superbe, des mésembryanthemum, des polygala, des atriplex, des salsola et des salicornes. La saison chaude détruit ce luxe et cette abondance; le terrain argileux se dépouille, durcit, les tiges meurent, et l'on ne voit plus çà et là que quelques gortinies à la corolle radiée éclatant d'un jaune d'or, et de rares mésembryanthèmes que l'épaisseur de leurs feuilles charnues, préserve d'une dessication mortelle. Au-dessous des karros, près des fleuves et de la mer, on se croirait dans un précieux parterre, où un riche amateur aurait réuni les plantes les plus rares ; partout végètent les bruyères si variées, les brillans géranium, les jolis ixia, les hemanthos, les vigoureux pancratium, les gnaphalies, les xéranthèmes, le stapelia, le protea qui brille comme de l'argent poli, les mimosa au feuillage léger, et l'admirable strelizia, la reine des fleurs éclatantes. C'est au Cap que nos amateurs de belles plantes, fournissent leurs serres de végétaux curieux.

Dans l'empire du Monomotapa, coule le Zambezé, un des grands fleuves de l'Afrique ; comme le Nil, il se divise vers son embouchure en plusieurs bras, qui entourent et arrosent un vaste delta. Il a encore un autre point d'analogie avec le fleuve d'Egypte, son débordement annuel, qui commence au mois d'avril. Le Zambezé sort d'un très-grand lac ; après un cours assez étendu, il se précipite de cent cinquante pieds de hauteur, sur des bancs de rochers, et pendant vingt lieues, il bondit furieux et bouillonnant sur une suite non interrompue de cascades impétueuses, qui le rendent impraticable à la navigation, bien qu'il ait une lieue de largeur ; on ne saurait se former une idée du tableau extraordinaire que présente la marche rapide quoique brisée de cette masse d'eau magnifique. Le Nil et le Zambezé ne doivent pas être les seuls fleuves d'Afrique, destinés à répandre la fécondité par un débordement annuel, il doit en être de même de tous ceux qui prennent leur source dans les montagnes centrales, et se jettent dans l'Océan sur les côtes où le ciel est presque continuellement pur et sans nuage ; car ces crues périodiques sont un moyen providentiel destiné à limiter le désert, et augmenter l'étendue des lieues fertiles et habitables.

Beautés et singularités de l'Amérique.

L'Amérique porte le titre de nouveau monde, non parce qu'elle serait d'une formation plus récente que les autres parties du continent terrestre, mais parce qu'elle a été long-temps inconnue aux peuples civilisés de l'Europe et de l'Asie. Séparée, en effet, du monde connu des anciens par deux enfoncemens profonds de l'Océan, n'y tenant que par un isthme étroit situé dans les régions polaires, on conçoit que l'Amérique n'ait pas été découverte, lorsque la navigation se faisait uniquement à peu de distance des côtes habitées par les peuples commerçans. En 1489, Christophe Colomb, qui cherchait l'Asie dans l'hémisphère occidental, y aborda le premier. L'Amérique se compose de plateaux élevés brusquement au-dessus des plaines basses, les pentes en sont aussi courtes que rapides. Sur ces plateaux pyramident les massifs de montagnes les plus prodigieux en hauteur après ceux de l'Inde et du Thibet, puisque plusieurs sommets des Cordillières du Pérou atteignent à vingt mille pieds. L'Amérique ne renferme pas de grands déserts de sable, mais elle a ses plaines basses, assez semblables au karros de l'Afrique, désignées suivant les localités, sous le nom de Savanes, Llanos, et ses Pampas où les vents déplacent des collines sablonneuses mouvantes, où l'on rencontre çà et là de petits lacs d'eau saumâtre, et des marais couverts de plantes salines. Dans l'Amérique, la nature a déployé toute la pompe et la majesté de ses grands phénomènes, les accidens de formation dans les terrains, les chutes, les cataractes, les fleuves, ont un grandiose qu'on ne retrouve pas ailleurs.

L'Amérique s'étend jusque sous le pôle antarctique, là elle est le siége d'un hiver sans fin ; les glaces qui la couvrent et n'abandonnent jamais ses rivages, la rendent inaccessible aux explorations des plus intrépides voyageurs. Les récits des courageux Ross et Parry, sont de nature à inspirer l'effroi : tantôt ils rencontrent des masses de glaces fixes qui semblent d'immenses îles, ou les côtes montagneuses d'un vaste continent ; tantôt des glaces flottantes s'avancent menaçantes comme pour briser

le frêle bâtiment qui ose pénétrer dans l'empire
du froid septentrion; le matelot frémit en entendant
les craquemens épouvantables produits par le choc
de ces îles d'eau solidifiée; d'autres fois c'est un
bruit d'explosion, remplissant l'espace, déterminé
par de vastes crevasses qui soudain creusent en
affreux abîmes la surface de ces masses flottantes.

Au milieu du conflit, et du sein même des
eaux, s'élancent rapidement les flammes d'un incendie, ce sont des troncs d'arbres entraînés par le
courant, qui s'enflamment en frottant contre les
glaces.

Lorsque le soleil se rapproche de notre tropique,
et que son influence pénètre jusque dans ces régions
hyperborées, alors un mouvement général s'opère
dans les glaces, le silence éternel de la solitude
est troublé par des bruits rapides, immenses,
multipliés; la glace fond, un brouillard s'élève si
épais, que sur le pont d'une frégate on ne saurait
apercevoir les objets placés à la distance de quelques
pieds; des masses se détachent et sont entraînées
par le courant; d'autres perdent l'équilibre et se
renversent en projetant au loin des montagnes d'eau
qu'elles font rejaillir. Alors, comme dans l'hiver,
la navigation est impossible, car la mort menace
de tous côtés le nocher téméraire.

Nulle contrée n'a de sites plus sombres et plus
sauvages que la partie septentrionale de l'Amérique

soumise aux Russes. A peu de distance des côtes, commence une terrasse en pente douce, boisée de pins et de bouleaux, couronnée de montagnes aux flancs dépouillés, aux sommets couverts de rocs de glaces qui, lorsque leur poids devient trop considérable, roulent avec fracas, jusqu'au delà de la limite des mers; ou s'arrêtent sur le rivage, sans que la faible chaleur de ce climat puisse les fondre. Les terrains bas ne sont que marais fangeux, fondrières profondes, couvertes d'une herbe perfide. De l'Amérique russe, jusqu'à la Californie, une longue suite de plateaux succède à des bassins limités à l'ouest par les montagnes rocheuses, qui renferment la source de l'immense Missouri et du Sachachawin. Après avoir franchi les montagnes rocheuses, si l'on s'avance vers l'est, on descend un terrain dont la pente insensible s'abaisse vers la mer d'Hudson, une des Méditerranées du nord de l'Amérique; ce terrain est arrosé avec luxe par de vastes courans d'eau, qui se jettent de lacs en lacs. Les forêts, et l'abondance des rivières, rendent la contrée si froide, qu'au mois de juin, les lacs sont encore glacés. Nulle part les hivers ne s'annoncent avec plus de rigueur que dans les parages de la baie d'Hudson; l'eau-de-vie y gèle, une voûte de huit pieds d'épaisseur recouvre les lacs et les fleuves. Lorsque le froid commence à sévir, l'humidité infiltrée dans les rochers se transforme en glace ; alors par l'effet de l'expansion de l'eau qui sort de son maximum de condensation (*), les rocs se brisent avec une explosion plus violente que celle de l'artillerie, et les fragmens sont lancés à des distances étonnantes.

Nulle part, non plus, la température et la sérénité de l'atmosphère ne sont plus variables que dans cette aquatique contrée; une pluie abondante tombe inattendue, alors que le soleil verse l'éclat de ses feux, ou bien au moment même où d'épais nuages répandent des torrens d'eau, le ciel se découvre tout-à-coup, et les rayons de l'astre du jour apparaissent dans toute leur splendeur. Les éclairs de lune et les aurores boréales sont magnifiques sous ces latitudes polaires.

Le Labrador, voisin de la baie d'Hudson, est également très-froid, amas de montagnes et de rochers, entrecoupés de lacs, de cascades et de courans d'eau. Le Groënland n'est de même, qu'un cahos de rochers entrecoupés de masses énormes de glaces. Une d'elles, qui porte le nom de Pic-des-Glaces, s'élève à l'embouchure d'une rivière, sa hauteur est si grande, qu'on l'aperçoit à dix lieues en mer. Lorsque le soleil éclaire cette

___

(*) L'eau, à trois degrés au dessus de glace, occupe moins de volume qu'à toute autre température c'est son maximum de condensation; en passant à l'état de glace, elle se dilate et brise les obstacles qui la retiennent, de là l'expression si vraie de geler à pierres fendre.

montagne d'eau congelée , il s'en échappe des torrens de lumière ; la blancheur des aiguilles de glace , contrastant avec l'obscurité des crevasses et des précipices, dessine les moindres accidens, et donne de loin à la masse l'apparence d'un fantastique édifice de cristal.

Non loin du Groënland, le navigateur rencontre l'Islande , île regardée long - temps comme appartenant à l'Europe , tandis qu'elle est réellement américaine, comme l'a prouvé Malte-Brun , puisqu'elle touche aux rivages de l'Amérique septentrionale. L'Islande est une île de feu , au milieu d'un océan de glace. Son volcan , l'Hécla , lance la flamme et les laves d'un cratère environné de neiges éternelles, des jets d'eau bouillante jaillissant de terrains sur lesquels l'hiver septentrional pèse presque sans relâche. Dans aucune partie du globe il n'existe encore de contrée où l'on rencontre autant d'activité volcanique, où les cratères soient aussi nombreux : l'Islande donne une image de ce que l'Auvergne a pu être lors des irruptions de ses puys si multipliés. La forme de cette île, les déchirures profondes de ses côtes, indiquent un vaste soulèvement qui l'a tirée du fond de la mer. Parmi les mille sommets volcaniques de l'Islande , l'Hécla est le plus célèbre, non cependant qu'il soit le plus élevé ou le plus terrible, mais parce qu'étant plus voisin du rivage , il est assez fréquemment visité par les voyageurs. Autour de l'Hécla, la lave a élevé un retranchement naturel, haut de soixante-dix pieds, assez difficile à franchir, mais ensuite on ne rencontre plus d'obstacle. Le sol est tellement brûlé et imprégné d'émanations sulfureuses, qu'il ne produit pas le moindre vestige d'herbe. Dans un rayon de quatre lieues autour du cratère, il a disparu sous un amas de pierres ponces, de cendres, de débris de roches calcinées.

Le cîme de l'Hécla est surmontée de trois pics, dont le plus élevé est celui du milieu ; à quatre cents pas au-dessous, est un trou de trois pieds de diamètre, par où s'échappe une vapeur d'une température de plus de deux cents degrés. Le cratère de l'Hécla change de position à chaque éruption; les annales islandaises rapportent qu'en 1300, il y eut une commotion si violente, que la montagne parut se fendre dans toute sa hauteur. En 1728, un grand lac fut desséché pendant une éruption, et son bassin comblé par une nappe de lave incandescente de quatre lieues de longueur sur une lieue et demie de large.

Le Skaptaa-Jokul, autre volcan Islandais, plus terrible que l'Hécla, causa la mort de neuf mille personnes, par la pluie de cendres et de feu qui accompagna son éruption en 1783. On a remarqué que les commotions des volcans de l'Islande coïncident toujours avec celles de l'Etna et du Vésuve,

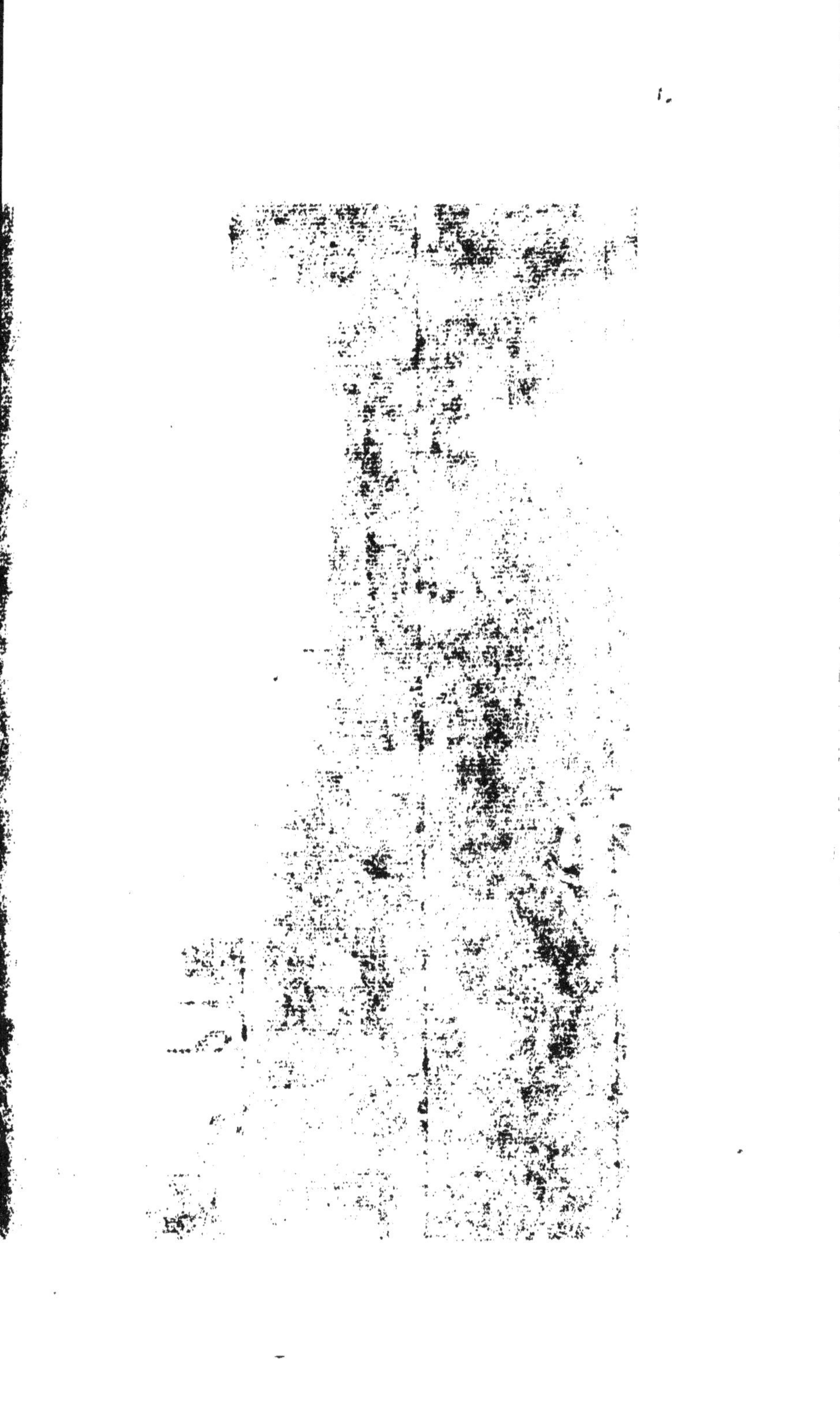

[texte très effacé, en grande partie illisible] … que les … [illegible] … Hécla … dont … [illegible] sont durci, … [illegible] … franchir, … [illegible] … d'obstacle. Le … tellement le lit … d'émanations … qu'il … produit pas … moindre vestige … par … rayon … crues autour … [illegible] … Hécla … [illegible] … ces … [illegible] volcaniques … Hécla est surmonté … [illegible] pics. … le plus élevé est … [illegible] … à quatre … [illegible] … pieds au-dessous … est une … de trois pieds … [illegible] par où … échappe … la vapeur d'une … [illegible] de plus de deux … [illegible]. Le cra-tère du Hécla change de position … chaque éruption … [illegible] des islandais … emportent … [illegible] 1490. Il y … [illegible] commotion … violente … [illegible] … [illegible] … [illegible] … chassés par … les éruptions … [illegible] … la … [illegible] … la lave jusqu'à … [illegible] … de long … sur une lieue … [illegible] de large

« … autre volcan islandais … plus … [illegible] … causa la mort de deux mille … [illegible] … la … [illegible] … de feu qui … [illegible] … en 1783. On … [illegible] … les … [illegible] … de … [illegible] … [illegible] … le Vésuve.

FRANCFORT.

nouvelle preuve de la communication souterraine des montagnes ignivomes.

Les Geysers, ou jets naturels d'eau bouillante, sont à quinze lieues du Mont-Hécla ; ils sont disséminés sur une étendue d'environ trois-quarts de lieue, leur nombre est de cent un. Les éruptions de ces volcans d'eau sont fréquentes, mais momentanées, et les curieux sont avertis de leur apparition par un bruit qui précède de plusieurs minutes le jet du liquide. Le plus considérable de ces Geysers porte l'épithète de Grand, il est au centre d'une plaine, entouré de quarante autres jets moins considérables ; l'ouverture qui lui donne issue a dix-neufs pieds de diamètre, et les eaux, dans leur chute, se sont creusé un bassin d'un diamètre de trente-neuf pieds. Le bruit précurseur de l'issue des eaux du grand Geyser, est comparable à l'explosion d'une forte pièce d'artillerie ; bientôt l'eau s'élance avec une vitesse de soixante-quinze pieds par seconde, et s'élève dans les airs à quatre-vingt-douze pieds. Le sondage de l'ouverture de cette source a donné une profondeur de quatre-vingt pieds. En sortant, les eaux ont une teinte bleue azurée, ou vert de mer, mais lorsqu'elles se divisent pour retomber en gerbe élégante, les apparences colorées se dissipent. Les Geysers sont des phénomènes analogues aux salses de l'Italie, et produits par une compression gazeuse souterraine.

On trouve encore en Islande d'abondantes sources minérales, dont quelques-unes gazeuses portent le nom de sources de bière.

En rentrant en Amérique, après avoir exploré les îles de la zône glaciale de cette partie du globe, on aborde au Canada. Le froid est encore vif pendant l'hiver dans cette contrée, mais beaucoup moins qu'au Labrador, qui en est voisin. Le Canada renferme une série imposante de lacs rivaux des mers par leur étendue; le principal est le lac Supérieur, il se développe sur une surface de cinq cents lieues, et reçoit dans son bassin de rocs vifs, les flots de quarante rivières. Les eaux du lac Supérieur se précipitent par une suite de cataractes successives et magnifiques, connues sous le nom de saut de Sainte-Marie, vers un bassin inférieur où elles se réunissent en une seconde nappe de trois cents lieues de circonférence, c'est le lac Huron qui communique au moyen d'un large canal avec le lac Michigan. Le trop plein de ces deux réservoirs s'écoule en formant la rivière rapide de Saint-Clair, qui s'élargit elle-même en un petit lac du même nom, puis un autre courant nommé le Détroit, conduit toute la masse liquide dans le bassin du lac Érié. Au sortir de ce dernier réservoir, les eaux, sous le nom de rivière de Niagara, se précipitent par la chute la plus imposante qu'il y ait au monde.

La chute du Niagara se sépare en deux cataractes, la première d'une profondeur de cent quarante-deux pieds, la seconde de cent soixante-trois pieds : une île séparait les deux cataractes, mais elle disparaît ainsi qu'une partie de la barre de rocher, par le rongement de l'eau sur le roc. Aujourd'hui, le Niagara n'est plus aussi majestueux qu'il y a dix ans, et son lit se creusant de jour en jour, il tend à s'encaisser dans un profond ravin. Le mugissement de la cataracte retentit à plusieurs lieues de distance, un nuage de poussière d'eau très-fine couvre le gouffre de son brouillard ; lorsque le soleil y décompose ses rayons, il forme un dais pompeux, scintillant de tous les feux de l'Iris. Mais c'est pendant le règne glacé de l'hiver que cette étonnante chute devient admirable, elle se hérisse de glace, des arcades, des colonnes, des girandoles de cristal descendent, se joignent, s'entrelacent de tous côtés, et dessinent un merveilleux arc de triomphe, sous lequel le Niagara s'avance majestueusement. La chute du Niagara conduit les eaux des lacs dans un réservoir inférieur, le lac Ontario, qui se verse dans le lac des Mille-Iles, charmant labyrinthe de canaux et de jardins naturels boisés, enfin un large canal, semblable à une Méditerranée, le fleuve Saint-Laurent, aux rives si pittoresques, porte à l'Océan le volume immense des ondes de tous ces lacs.

8

Le fleuve Outawas, rival du Saint-Laurent, descend en cataracte dans un précipice nommé la Chaudière, au fond duquel il bouillonne avec fracas. La rivière de Montmorency n'est pas moins célèbre par sa chute magnifique, de deux cent quarante-deux pieds de hauteur, la quantité innombrable de pointes de rocs sur lesquelles elle se brise la transforme en une seulée d'écume éblouissante de blancheur, d'où s'élève un brouillard constamment irisé par les rayons du soleil.

Aux Etats-Unis, la nature revêt la parure des climats tempérés, la végétation est abondante et plantureuse; les lacs sont nombreux dans le nord, mais moins étendus que ceux du Canada; cette partie de l'Amérique renferme beaucoup de marais ; l'un surtout, nommé Dismal-Swamp (l'affreux marais) est remarquable par son étendue qui couvre cent cinquante mille acres. Le Dismal-Swamp occupe une partie de la Virginie orientale et de la Caroline occidentale, partout il est couvert de buissons de genévriers et de forêts de pins, de sapins, de chênes blancs, de chênes rouges d'une grandeur prodigieuse, sous lesquelles poussent des taillis impénétrables. Sur le bord des eaux végètent d'immenses roseaux et une herbe épaisse. Des troupes d'ours, de loups et de daims ont leurs retraites dans les profondeurs boisées de ce marécage. Le marais des Alligators, plus grand que le Dismal, occupe une partie des côtes de la Caroline du nord, son intérieur est peu connu; dans les endroits où l'on a pénétré, sont de nombreuses lagunes remplies de crocodiles-caïmans.

Le Mississipi est le plus admirable des fleuves des États-Unis; il sort du lac Tortue, parcourt un plateau, d'où il se précipite dans une vaste plaine, par la belle chute de Saint-Antoine; puis, après deux cent quatre-vingts lieues de cours, il reçoit le Missouri dans un confluent d'une lieue de largeur. Le Missouri n'est considéré habituellement que comme rivière, et cependant il est la branche principale, et si l'on ne parlait pas encore d'après une vieille habitude, le Missouri serait regardé comme fleuve et le Mississipi comme son affluent. Les rives du Mississipi sont admirables; tantôt le fleuve coule au milieu de savanes couvertes de hautes herbes, émaillées de mille fleurs, tantôt il s'enfonce sous les voûtes de forêts de magnoliers, de tulipiers et de chênes rouges. Un labyrinthe d'îles verdoyantes entrave son cours de distance en distance. Plusieurs de ces îles sont flottantes, et on peut les voir se créer. Quelques vieux troncs d'arbres, renversés par la violence des vents, entraînés par les torrens, poussés dans une baie, s'adossent les uns aux autres, puis le limon du fleuve les cimente, des lianes y végètent et les unissent plus intimement, le pistia et le nunéphar croissent dans les interstices, se décomposent, forment un terreau qui nourrit ensuite des herbes et des arbrisseaux. Quelquefois le radeau se détache et suit le cours du fleuve, jusqu'à ce qu'arrêté par un nouvel obstacle, il se fixe de nouveau, et que l'accumulation du limon, et la succession des générations végétales, le rendent enfin immuable. Quelques-uns de ces radeaux fleuris se perdent dans l'Océan où ils entraînent leur population d'alligators et de serpens.

Le Missouri est plus majestueux que le Mississipi, avant leur commune réunion ; cette immense rivière a deux mille quatre cents pieds de largeur ; elle prend sa source dans les montagnes rocheuses, et traverse un pays froid et sauvage, appelé de son nom la Missourie. Là le thermomètre descend, en hiver, à plus de vingt degrés au-dessous de zéro ; la glace reflète si fortement les objets, que l'on voit quelquefois plusieurs images du soleil sur l'horizon. La Missourie renferme des traces de combustion volcanique, et des basaltes forment sur plusieurs points des murs naturels, que des voyageurs peu instruits en minéralogie ont regardé comme des restes de murs gigantesques. Au 112e degré de longitude, et au 47e 20' de latitude, après avoir coulé entre des rochers de deux cents pieds de hauteur, le Missouri se précipite, tantôt en cataractes menaçantes, tantôt en majestueuses cascades.

La première cataracte a quarante-sept pieds de chute, elle est suivie de plusieurs cascades peu profondes, puis la rivière se précipite de nouveau au pied d'un banc de roc de vingt-six pieds d'élévation, là elle coule encore en cascades, tourne autour d'une petite île où végètent des cotonniers, enfin s'élance dans la plaine par un saut de quatrevingts pieds de hauteur perpendiculaire, et de trois cent cinquante pieds de largeur; de noirs rochers, dont le sommet aigu surplombe de plus de cent pieds la surface de l'eau, s'élèvent sur les côtés : à gauche, l'onde se précipite dans un abîme creusé au bas du roc; le reste de la cataracte, hérissé de blocs saillans, ne tombe pas en nappe, mais il n'en est pas moins beau : c'est une masse d'écume de deux cents pieds de large, qui se forme et se disperse sans cesse, et qui, frappée des rayons du soleil, reflète toutes les couleurs brillantes de l'arc-en-ciel.

En sortant des montagnes rocheuses, le Missouri est encore plus terrible qu'à sa chute; il traverse une gorge de basalte longue d'une lieue, qui l'encaisse dans deux murs du noir le plus sombre, hauts de douze cents pieds, qui se penchent sur les eaux en menaçant d'en combler le lit par leur chute. C'est à la violence et à la rapidité du courant qu'est dû ce lit profond; le Missouri a formé long-temps un lac immense dont les traces sont encore visibles, avant d'avoir rompu cette digue puissante.

Le passage de la rivière Potowmak, à travers les crevasses des montagnes, dans la Virginie, n'est plus rien, lorsqu'on le compare au passage du Missouri que je viens de décrire. La Virginie possède encore une curiosité du même genre, c'est le pont de roche. Au fond d'une vallée ou plutôt d'un ravin de deux cent soixante-dix pieds de profondeur et large seulement de quatre-vingt-dix, coule la petite rivière Cédar. Une roche calcaire, épaisse de quarante pieds, traverse cette vallée d'un bord à l'autre; elle a été minée, percée par les eaux, transformée en une arche de pont ornée d'arbres, qui, vue du fond du ravin, inspire un sentiment de frayeur et d'admiration.

Une singularité nouvelle se montre depuis six ans dans le Kentucky, à Burskerville, près de la rivière Cumberland. En perforant un puits artésien, pour obtenir de l'eau salée, parce que le terrain renferme un banc de sel, les sondeurs, parvenus à une profondeur de deux cents pieds, firent jaillir une source d'huile de pétrole ou de naphto, dont le jet s'éleva de douze pieds au-dessus du sol. Le liquide coulait de manière à fournir soixante-quinze gallons à la minute, il sortit avec la même abondance pendant plusieurs jours. L'huile contient une grande quantité de gaz hydrogène; elle brûle en répandant une flamme très-vive, mais elle est si volatile , qu'elle s'évapore à travers le bois des tonneaux, on ne peut la conserver que dans des bouteilles de verre bien bouchées. Actuellement, le jet n'est plus continuel, il revient spontanément par intervalles ; en juillet 1835, il a fourni de l'huile pendant six semaines avec de l'eau salée, puis a disparu. Un bruit souterrain, semblable aux gronde-mens lointains du tonnerre, annonce l'émission de l'huile. L'eau de ce puits artésien coule dans un petit ruisseau ; lorsque l'huile arrive, elle surnage en raison de sa légèreté. C'est alors un curieux phénomène à observer quand on approche de la surface de la rivière un flambeau allumé , une nappe de feu se développe subitement et recouvre les eaux. Le sol du Kentucky est calcaire ; souvent il se fait des éboulemens dans son intérieur, qui produisent des trous creusés en entonnoir à la surface de la plaine.

Le Mexique commence la série des climats méri-dionaux de l'Amérique. Cette contrée renferme un plateau formé par une chaîne de montagnes qui s'unit au vaste système des Andes ; les cîmes n'ont pas encore la hauteur qu'elles atteignent au Pérou : mais leurs sommets , placés jusqu'à cinq mille quatre cents mètres, portent plusieurs cratères en pleine activité. Les vallées des montagnes du Mexique sont tellement profondes et abruptes, qu'on ne peut les traverser qu'à pied dans plusieurs endroits.

On voit au milieu des montagnes de Sancta-Rosa, des rochers de porphyre d'une structure singulière, qui ont l'apparence de murs et de bastions ruinés. Dans les environs de la ville de Guanaxuato, sont d'énormes masses de porphyre, hautes de quatre cents mètres, qui supportent de volumineux oolithes, ou pierres calcaires sphériques formées de couches concentriques; l'aspect de ces pyramides naturelles est des plus extraordinaires. Un autre rocher de porphyre, appelé Orgues d'Actopan, ressemble à une vieille tour ruinée. Les formes de ces rochers porphyriques sont encore plus bizarres au *Coffre de Perote;* là, le roc est une montagne élevée de deux mille quatre-vingt-dix-sept toises au-dessus du niveau de la mer, qui représente un sarcophage antique surmonté d'une pyramide.

Je vous ai dit que le Mexique est rempli de volcans; quelque menaçans qu'il soient, les habitans du pays sont tellement familiarisés avec leurs phénomènes convulsifs, qu'à peine y font-ils attention. Le mont Popoca s'ouvre en cratère d'une demi-lieue de circonférence; le Citlal-Tepelt, ou montagne étoilée, se couvre toutes les nuits de feux brillans qui éclairent les neiges de ses pics aigus. Dans l'année 1759, la plaine de Jorullo, sur la côte de l'Océan pacifique, a enseigné aux géologues comment les montagnes volcaniques se forment et se soulèvent. Après un effroyable tremblement de terre, le sol de la plaine s'entr'ouvrit, les couches inférieures du terrain s'élevèrent au-dessus des couches supérieures, une coulée de laves déborda comme un fleuve furieux ; des déjections de toute espèce s'élancèrent dans les airs, projetées par une puissance d'une force incalculable, et dans une seule nuit surgit un volcan de mille quatre cent quatre-vingt-quatorze pieds d'élévation, entouré de plus de deux mille bouches qui fument encore autour du cratère central. MM. Humboldt et Bonpland descendirent jusqu'au fond de ce cratère. à travers les dangers dont les menaçaient des crevasses exhalant du gaz hydrogène sulfuré enflammé. et des précipices qu'ils ne pouvaient franchir qu'en marchant sur de minces et fragiles colonnes de lave. Ils ont trouvé au cratère deux cent cinquante-huit pieds de profondeur perpendiculaire, sa partie inférieure est remplie d'acide carbonique.

La ville de Guatimala a été engloutie par l'éruption de deux volcans dont l'un lançait du feu et l'autre de l'eau.

Au centre du lac de Nicaragua, placé entre l'Océan pacifique et l'Atlantique, est le volcan de l'Omotepelt, dont le feu ne s'éteint jamais. Toute la côte de l'Océan pacifique est bordée jusqu'à la chaîne du Boruca, de montagnes qui lancent des cendres et des laves.

Les lacs si nombreux dans le nord se continuent dans le Mexique; le plus grand est celui de Chapala qui couvre cent soixante lieues carrées : au second rang sont ceux de Mexico, de Pascuazo , de Mextitlan et de Parras.

Près du village de Molcaxac , la rivière Aquetoyac, s'est creusé un canal dans un rocher calcaire, qui forme sur les eaux un pont naturel , d'une seule arche d'une grande portée; les Espagnols le nomment *Ponte Deos* ou Pont de Dieu.

L'Amérique méridionale est une grande presqu'île, que l'isthme de Panama unit à la partie nord dont le Mexique est la dernière région. Cette presqu'île est aussi formée de deux plateaux, situés sur des plaines basses , et surmontés de montagnes du premier ordre pour l'élévation. Il semblerait que la terre a été primitivement entourée d'un anneau solide, comme celui de Saturne, dont la chute aurait produit ces vastes plateaux de l'Amérique et de l'Asie. S'il en a été ainsi, il est facile de comprendre les paroles de Moïse : « et le firmament sépara les eaux d'avec les eaux; » et cette autre en parlant du déluge : « et les cataractes des cieux s'ouvrirent. »

Dans nulle autre contrée, les fleuves n'ont un cours aussi étendu, un lit aussi vaste, une masse aussi imposante. Les principaux sont l'Amazone, l'Orénoque et la Plata. Le fleuve des Amazones, dans son cours inférieur, a une demi-lieue de largeur; une lieue avant le confluent de Xengu et après avoir reçu cette rivière elle prend autant de développement qu'un bras de mer. La Plata est la réunion de plusieurs rivières rapides et profondes, dont la principale est la Parana. Cette rivière descend du Brésil en traversant une contrée montagneuse; près de la ville de Guayrac elle n'est plus navigable, car pendant douze licues, elle tombe de cataractes en cataractes à travers d'immenses gradins de rocs taillés à pic et d'horribles précipices.

L'Orénoque se jette dans l'Océan après un cours de trois cents licues, il prend sa source dans le lac d'Ypara, traverse celui de Parima, et descend vers les plaines basses par diverses chutes rapides, à l'aspect romantique. Voici comme l'illustre voyageur de Humboldt les décrit : « Lorsque du village » de Maypares, on descend au bord du fleuve, » en franchissant le rocher de Manimi, on jouit » d'un paysage délicieux. Les yeux mesurent » soudainement une nappe écumeuse d'un mille » d'étendue. Des masses de rochers d'un noir de » fer sortent de son sein comme de hautes tours; » chaque îlot, chaque roche, se pare d'arbres » vigoureux et pressés en groupe. Au-dessus » de l'eau est sans cesse suspendue une fumée

» épaisse ; à travers ce brouillard vaporeux où se
» résout l'écume, s'élance la cîme des hauts pal-
» miers. Dès que le rayon brûlant du soir vient
» se briser dans le nuage humide, les phénomènes
» de l'optique présentent un véritable enchantement.
» Les arcs colorés disparaissent et renaissent tour-
» à-tour ; et jouet léger de l'air, leur image se
» balance sans cesse. Autour des rocs pelés, les
» eaux murmurantes ont, dans les longues saisons
» des pluies, entassé des îles de terre végétale.
» Parées de drosera, de mimosa au feuillage d'un
» blanc argenté et d'une multitude de plantes,
» elles forment des lits de fleurs au milieu des
» roches nues. »

La Cordillière des Andes traverse l'Amérique
méridionale du nord au sud, sans s'écarter beaucoup du rivage de l'Océan Pacifique. Près de
Potosi et du lac sans écoulement de Tititcaca, elle
a soixante lieues de largeur ; c'est à Quito, au
Pérou, sous l'équateur même, que se trouvent ses
sommets les plus hauts. Cette longue et puissante
chaîne est hérissée de volcans. Dans la Sierra-
Nevada de Mérida, et la Silla de Caracas, au
milieu de neiges qui ne fondent jamais, à deux
mille trois cent cinquante toises, sont des cratères
béans qui vomissent sans interruption des torrens
de laves enflammées.

On voit dans la Silla de Caracas un horrible

précipice de soixante-dix-huit mille pieds de profondeur; nul récit ne peut peindre l'effroi dont l'âme est saisie à l'aspect de cet affreux tartare.

Les gorges par lesquelles les Andes sont accessibles, n'inspirent pas moins d'épouvante. On ne peut les franchir que pendant l'été; douze jours sont nécessaires pour y parvenir. Le voyageur n'a aucun secours à espérer dans ces tristes solitudes. Après avoir traversé d'épaisses forêts vierges, il entre dans un sentier réduit à la largeur de deux pieds, creusés entre deux murs de rocs enduits d'argile, dont la hauteur se perd dans les nuages; de distance en distance, il descend au fond de ravins boueux où se rendent les sources qui filtrent entre les rochers, puis il suit le chemin devenu plus étroit encore qui serpente tantôt au-dessus, tantôt au sein des Quebradas, fentes épouvantables qui divisent les Andes, gouffres où s'enseveliraient, sans les combler, nos montagnes des Vosges et du Jura, sortes de portes naturelles qui donnent issue aux courans d'eau qui forment les grandes rivières.

Les Paramos sont des déserts affreux situés dans les étages supérieurs des Andes. Dominant les vallées tempérées, les Paramos sont des espèces de plateaux ou de terrasses, dont le sol nu et dépouillé de végétation est presque constamment couvert de neige. Il y règne presque continuellement un vent glacial et violent, qui détermine d'horribles tempêtes. Le Paramo de Serinsa, sur la route de Tunja à Socorro, est le théâtre le plus redouté de ces commotions atmosphériques. Malheur au voyageur que l'ouragan vient assaillir au milieu de cette désespérante solitude, la mort l'atteindra malgré toute l'énergie de sa résistance. Les nuées grosses de la tempête se forment, éclatent et compriment l'air avec tant de promptitude, que l'infortuné lutte déjà, lorsqu'à peine le signe précurseur de l'orage vient de lui apparaître. Un vent glacial tourbillonne avec un sifflement lugubre, puis ses coups redoublés retentissent comme les détonations de la foudre ; la neige soulevée obscurcit l'air, toutes traces de chemin disparaissent, les mules effrayées fuient au hasard et roulent dans les précipices. Plus le malheureux voyageur avance et plus il s'égare, sa vue se trouble, le froid engourdit ses membres et glace sa poitrine, des ténèbres impénétrables le couvrent comme d'un lugubre linceul ; continue-t-il sa marche, il tombe brisé par le choc pesant des vents, il ne peut plus respirer, il meurt dans les étreintes de l'asphyxie ; s'arrête-t-il, il est également victime du trépas.

Près de Quito, la Cordillière des Andes s'élargit, devient un plateau sur lequel courent deux crêtes aiguës, qui le bordent comme les collines d'une vallée. Ce plateau, élevé de deux mille neuf cents

mètres, renferme une population active et des villes de cinquante mille habitans. « Lorsque l'on a vécu
» pendant quelques mois sur ce plateau élevé, où
» le baromètre se soutient à 0 ᵐ 54' ou vingt pou-
» ces, on éprouve (dit M. de Humboldt) irrésisti-
» blement une illusion extraordinaire : on oublie
» peu à peu que tout ce qui environne l'observateur,
» ces villages annonçant l'industrie d'un peuple
" montagnard, ces pâturages couverts à la fois de
» troupeaux de lamas et des brebis d'Europe, ces
» vergers bordés de haies vives de duranta et de
» barnadesia, ces champs labourés avec soin, et
» promettant de riches moissons de céréales, se
» trouvent comme suspendues dans les hautes ré-
» gions de l'atmosphère ; on se rappelle à peine que
» le sol que l'on habite est plus élevé au-dessus des
» côtes voisines de l'Océan Pacifique, que ne l'est
» le sommet du Canigou, au-dessus du bassin de
» la Méditerranée. » C'est à Quito que la chaîne des Andes atteint son *summum* d'élévation ; là, les montagnes ont plus de dix-huit mille pieds. C'est à cette prodigieuse hauteur, que le Pinchinchan, le Cayambé, le Cotopaxi ont leurs cratères enflammés. Le Chimborazo est le dernier colosse de la Cordillière ; après lui, les sommets s'abaissent et ne parviennent plus même à la hauteur des neiges perpétuelles, jusqu'à cent vingt lieues plus au sud. Le Chimborazo a lancé autrefois des flammes ; il est

aujourd'hui endormi, soit momentanément, soit pour toujours. Les Pinchincha est une des montagnes volcaniques les plus puissantes du globe. Son cratère a une lieue de circonférence, la lave se fraye, avec un sifflement affreux, un chemin au milieu des neiges. Trois rocs noirs pyramidaux surmontent cette bouche infernale, dans le centre de laquelle on distingue plusieurs montagnes qui plongent par leur base, dans un abîme, sans autre fond que le centre du globe.

Le cratère de Cotopaxi est élevé de douze mille trois cent douze pieds. Ses explosions se renouvellent sans cesse, et occasionnent de grands désastres locaux. La lave, les ponces, les cendres, les scories, couvrent plusieurs lieues autour du volcan. Pendant l'éruption de 1758, les flammes s'élevèrent à deux mille sept cents pieds au-dessus du cratère. En 1744, le mugissement du Cotopaxi s'étendit jusqu'à Honda, ville placée à deux cents lieues plus loin. En 1768, le 4 avril, les cendres voilèrent si complètement le ciel, que la nuit se prolongea jusqu'à trois heures. Enfin, en 1803, après vingt années de repos, survint une éruption si violente, que les neiges de la montagne, qui n'avaient jamais fondu, disparurent dans l'espace d'une nuit, et que le cratère eut ses bords complètement vitrifiés.

Dans la partie septentrionale de l'Amérique du sud, parmi les principales curiosités qui viennent en seconde ligne, après ces terribles phénomènes volcaniques et les majestueuses montagnes qui en sont le théâtre, je vous citerai les rivières Atabapo, Temi, Tuamini, Guiania, dont les eaux sont noires, vues en masse, et d'un jaune doré, quand on les place dans un verre ; elles ne nourrissent ni poissons, ni insectes. Leur teinte est due à une solution d'hydrogène carburé (*) qu'elles contiennent.

Les Llanos sont encore remarquables. Déserts sablonneux de l'Amérique, ils n'offrent qu'une faible image de l'Océan de sable africain, encore n'est-ce que dans la saison des chaleurs, alors que brûlans, leur surface est nue, aride, uniforme, qu'elle menace le voyageur de ses tempêtes de poussière, ou le trompe par l'illusion du mirage. Pendant la saison des pluies, la Llanos se transforment en pâturages verdoyans, semblables aux steppes de l'Asie.

Dans la vallée de Pandi, on admire le pont naturel d'Icononzo, qui ne peut être qu'une fissure produite dans le roc par un tremblement de terre. La vallée de Pandi n'est qu'un étroit et profond ravin, bordé de rochers nus et arides. Une crevasse s'est formée dans un de ces rocs, le ruisseau

---

(*) L'hydrogène carburé ou carbure d'hydrogène, est une combinaison du charbon avec le gaz hydrogène.

de la Summa-Paz s'y précipite, et de sa chute résultent deux belles cascades, que recouvre une arche naturelle, de qurante-six pieds et demi de longueur, sur trente-six pieds onze pouces de largeur, et deux cent quatre-vingt-dix-huit pieds d'élévation au-dessus du niveau des eaux. Une seconde arche plus petite surmonte la première. Quelques arbres, des plantes qui pendent accrochées par leurs racines entre les interstices du rocher, ornent les bords de la chute, et contrastent avec la nudité des blocs supérieurs. L'humidité est la seule cause de leur végétation.

Le plateau de Bogota est dans sa structure et sa fécondité une des étonnantes merveilles de la création ; plus élevé que le couvent du Mont-Saint-Bernard, dans nos Alpes, il jouit d'une température douce. Des montagnes l'entourent de toute part, de grands lacs séjournent dans son centre, le trop plein de leurs eaux produit le Rio-de-Bogota, magnifique rivière qui, en descendant du plateau, pour se rendre dans le bassin de la Magdalena, se précipite de cinq cent trente pieds de hauteur et avec un volume de deux cent vingt-six pieds carrés, par une pente que tailla naturellement dans le roc un tremblement de terre, fente dont l'ouverture n'est que de quarante pieds. Les Indiens nomment Tequendama, cette belle cataracte, dont ils attribuent l'origine à *Bockica*, fondateur de leurs tribus.

On conçoit que l'étonnant spectacle de cette chute imposante, toujours couronnée d'une masse immense de vapeurs, dans laquelle la lumière se joue en arcs colorés, en colonnes irisées, en mille apparitions fantastiques et sans cesse changeantes, ait porté des peuples peu éclairés à lui attribuer une origine miraculeuse. L'énorme quantité de vapeurs, élevée par l'évaporation des eaux de la chute, condensée par l'air froid des hautes régions atmosphériques, se précipite en pluies qui fertilisent ce plateau élevé.

Près du village de Turbaco, situé sur une colline à l'entrée de la forêt majestueuse de la Magdalena, on trouve les volcancitos ; ce sont vingt petits cônes, haut de vingt-cinq pieds, qui s'élèvent comme de petites pyramides au centre d'une plaine entourée de bromelia, de roches calcaires, et d'une forêt de baumiers, de tolu et de cavanillesia mocundo, dont les volumineux fruits transparens semblent être des lanternes suspendues par milliers aux branches. Les cônes lancent des colonnes d'air, quelquefois des jets d'eau boueuse. On entend un bruit sourd et assez fort qui précède de quelques minutes l'éruption de l'air ; ce fluide doit être fortement comprimé dans des cavités souterraines recouvertes par les cônes.

Le second plateau de l'Amérique méridionale forme le Brésil, pays encore peu connu dans son intérieur, rempli de forêts vierges qui attendent que la main de l'homme vienne les défricher, pays riche en mines comme le Pérou, mais qui de plus renferme de précieux diamans. Le Brésil abonde plus en beautés sauvages et pittoresques provenant de la richesse et de la vigueur de la végétation, qu'en pompeuses et grandioses montagnes, qu'en chutes bruyantes et majestueuses et en volcans menaçans.

Les Guyanes sont une suite de terres et de côtes basses, humides, inondées pendant une partie de l'année. C'est le pays des savanes, plaines chargées d'une végétation luxuriante, mais souvent couvertes d'eau, et qui donnent alors le spectacle le plus extraordinaire ; c'est comme une contre épreuve des premières journées du déluge. A la suite des pluies tropicales si abondantes, que nous autres Européens ne saurions nous en former d'idée, les fleuves s'enflent subitement, lancent leurs eaux furieuses au-dessus des digues naturelles qui les enchaînent ; elles se répandent vagabondes dans les savanes, sous la voûte épaisse des forêts ; la cime des arbres se transforme en îles mobiles de feuillages ; la mer se mêle aux eaux du débordement, ses habitans envahissent les retraites du cerf et de l'agouti ; dans leurs ébats, les poissons s'approchent des nids des brillans oiseaux mouches, des colibris, des cotingas. Les poissons warapper, sacou et aymara, s'embarrassent dans les branchages, l'huître s'attache au tronc des arbres, tandis que les crabes courent sur des ponts de lianes fleuries où les singes et les pécaris cherchent un refuge contre les caïmans qui les poursuivent sur les cimes où ils sont ordinairement loin de leurs atteintes cruelles.

.Toute cette nature que je viens de vous représenter, est aussi sagement organisée que majestueusement et largement dessinée. Ces hauts plateaux, ces fleuves puissans au cours immense, ces imposantes chutes, ces pluies et ces débordemens, sont autant de causes de vie et de fertilité pour les régions équatoriales de l'Amérique.

Beautés et singularités de l'Océanie.

L'Océanie est considérée, par les géographes modernes, comme la cinquième partie du monde. C'est un labyrinthe d'archipels, les uns vastes, les autres réduits aux proportions d'îlots de rocs, de simples récifs, qui déroule ses méandres tortueux dans le vaste bassin de l'Océan, entre l'Asie et l'Amérique. Cette profusion de sommets boisés, de plateaux étroits, de pics aigus, est évidemment le débris d'un continent écroulé, transformé en bassin pour recevoir les eaux chassées d'un autre lit, dont les points culminans surgissent encore au-dessus des flots puissans qui ont anéanti les demeures des races qui l'habitaient naguère. C'est là peut-être qu'il faut chercher le berceau de la race humaine, sous ce ciel pur et tempéré, sous ce climat parfumé, où les végétaux les plus beaux ont été répandus avec profusion, où tout ce qui peut satisfaire les besoins d'une société naissante et peu avancée, croît naturellement sans culture. Un grand travail sous-marin, confié aux volcans, et à une race d'animaux bien faible en apparence, mais puissante par ses travaux (les polypes), tend à reconstituer cette terre enchantée primitive, frappée de réprobation. Des îles nouvelles, soulevées par le feu central, apparaissent souvent, et des bancs de coraux élaborés en peu d'années joignent les îlots, comblent les petits détroits, transforment les petits groupes d'îles basses en terres plus étendues. Les polypes absorbent les sels calcaires de l'Océan, pour élever ces énormes digues de corail, qui seront un jour la base d'un monde que l'on pourra à juste titre qualifier de nouveau.

Un de nos savans géologues modernes, M. de Chamisso, a, sur le travail des terres océaniques, des vues analogues aux miennes; il regarde les groupes d'îles basses du grand Océan et de la mer des Indes, comme les sommets des montagnes sous marines d'une formation toute récente et pour

ainsi dire contemporaine. Je vais vous lire ce qu'il
a écrit sur ce sujet.

« Ces montagnes s'élancent à pic du sein de
» l'abîme; leur cîme forme des plateaux submergés,
» qu'une large digue, élevée sur leur contour,
» convertit en autant de bassins, dont les plus
» étendus semblent être les plus profonds. Les
» moindres se comblent entièrement et produisent
» chacun une île isolée, tandis que les plus vastes
» donnent naissance à des groupes d'îles disposés
» circulairement et en chapelets sur le récif qui
» forme leur enceinte.

» Ce récif, dans la partie de son contour opposé
» au vent, s'élève au-dessus du niveau de la marée
» basse, et présente au temps du reflux l'image
» d'une large chaussée qui unit entre elles les
» îles qu'elle supporte. C'est à cette exposition que
» les îles sont plus nombreuses, plus rapprochées,
» plus fertiles; elles occupent aussi les angles sail-
» lans du pourtour. Le récif est au contraire, dans
» la partie de son contour située au-dessous du
» vent presque partout submergé, et parfois il y
» est interrompu de manière à ouvrir des détroits
» par lesquels un vaisseau peut, comme entre les
» deux moles d'un port, pénétrer dans le bassin
» intérieur à la faveur de la marée montante. De
» semblables ports se rencontrent aussi dans la
» partie de l'enceinte, que des angles saillans et

» des îles protégent contre l'action des vents et
» des flots.

» Quelques bancs isolés s'élèvent çà et là dans
» l'intérieur du bassin ; mais ils n'atteignent jamais
» le niveau de la marée basse.

» Le récif présente, comme les montagnes secon-
» daires, des couches distinctes et parallèles de
» diverses épaisseurs.'

» La roche est une pierre calcaire composée de
» fragmens de coquilles, de lithophytes et de coquil-
» lages agglutinés par un ciment d'une consistance
» au moins égale à la leur. Le gisement est ou
» horizontal ou légèrement incliné vers l'intérieur
» du bassin. On observe dans quelques-unes de
» ces couches, des masses de madrépores considé-
» rables, dont les intervalles sont remplis par de
» moindres débris ; mais ces masses sont constam-
» ment brisées, roulées ; elles ont toujours, avant
» que de faire partie de la roche, été arrachées
» du site où elles ont végété. D'autres couches,
» dont les élémens ont été réduits en un gros
» sable, présentent une sorte de grès calcaire gros-
» sier. La plus exacte comparaison ne laisse aucun
» doute sur l'identité de cette roche et de celle
» de la Guadeloupe qui contient des antropho-
» lithes (*).

*) Ossemens humains pétrifiés, mais dans une période récente.

» Les polypiers vivans croissent selon leur genre
» ou leur espèce, ou dans le sable mouvant ou
» bien attachés au rocher ; et les cavernes que
» l'on rencontre dans le récif, sur les bords de
» la lagune, offrent la facilité de les observer.
» Partout où les vagues se brisent avec violence,
» une espèce de *millipore* (*) de couleur rougeâtre
» incrustre la roche, et c'est à cette singulière
» végétation animale qu'est due la couleur qu'a
» généralement le récif, vu de la haute mer, ou
» au temps de la marée basse.

» Des sables déposés et amoncelés sur le talus
» du récif, vers le bord de la lagune, forment le
» commencement des îles ; la végétation s'y établit
» lentement. Les îles les plus anciennes et les plus
» riches qui, sur une longueur indéterminée,
» occupent la plus grande largeur du récif, sont
» assises sur des couches de roches plus élevées
» que le haut de la digue submergée à la marée
» haute. Ces couches ont en général une inclinaison
» marquée vers l'intérieur du bassin : le profil
» qu'elles présentent du côté de la haute mer est
» d'ordinaire masqué par une couche inclinée en
» sens contraire ; cette couche, composée de plus
» gros fragmens de médrapores, est souvent rom-
» pue, et les blocs renversés en sont épars çà et

(*) Sorte de polype.

» là ; des couches d'une formation récente, com-
» posées d'un sable plus menu, semblent en quel-
» ques endroits revêtir les rivages des îles. Sur
» une base de roche s'élève, du côté de la haute
» mer, un rempart de madrépores brisés et roulés,
» qui forme la ceinture extérieure des îles. Quelques
» arbustes croissent sur ce sol pierreux, mouvant
» et agité par les tremblemens de terre; ils y
» forment un épais taillis, et opposent leurs bran-
» ches entrelacées et leur épais feuillage à l'action
» des vents. L'intérieur de ces îles en est la
» partie la plus basse, on y rencontre des fonds
» marécageux et des citernes naturelles. »

Un des voyageurs de notre âge, qui mérite à juste titre le surnom d'intrépide, M. Domeny de Rienzi, après avoir exploré l'Océanie pendant de longues années, propose de la diviser en : 1° Malaisie, comprenant les archipels voisins de la presqu'île de Malaya, dont l'île de Kalamatan, improprement appelée Bornéo, est la terre principale; 2° Micronésie (*) ou Océanie septentrionale, qui n'embrasse que les petites îles et rochers déserts, situés au sud, un peu au-dessus du tropique du Cancer, et s'élevant au nord jusqu'auprès du 40ᵉ parallèle. Le groupe de Mounin-sima en est le plus important; 3° la Polynésie (*) Tabouée.

<hr>

(*) Micronésie, veut dire en grec, petites îles.
*) Polynésie : ce mot veut dire beaucoup d'îles.

ou Pléthonésie, réunion d'archipels habités par une race qui vit sous l'empire de l'interdiction religieuse du *Tabou*. La Polynésie s'étend depuis l'archipel Hawaii, au nord, jusqu'aux deux îles de l'Evêque et son Clerc, au sud; et de l'est à l'ouest, depuis Tikopia, près de Vanikoro, où périt l'infortuné Lapeyrouse, jusqu'à Sala-y-Gomez, île voisine de l'Amérique; 4° la Papouasie, groupe insulaire, séjour de la race Papoua; 5° l'Endaménie, comprenant l'Australie ou Nouvelle-Hollande, la nouvelle Calédonie, Mallicollo, etc.

Les restes d'une antique chaîne de montagnes, qui n'a pas dû être moins puissante que la Cordillière des Andes, s'aperçoit dans toute l'Océanie. Partant des îles Mariannes, on la suit à travers les Carolines, les îles Mulgraves, Tonga, Hamoa, etc. Une autre branche commence dans les îles Philippines, traverse Palawan, Kalamatan, les Célèbes, Gilolo, la Nouvelle-Guinée, la Nouvelle-Hollande, où elle prend le nom de montagnes bleues, et se termine dans l'île de Van-Diémen par le cap basaltique *del Pilar*, et le cap Sud. Dans cette terre de Van-Diémen, la branche des Alpes océaniques, dont nous venons de parler, se joint à un troisième rameau, qui parcourt la Nouvelle-Hollande, les Moluques, Timor, Java, Soumâdhra (Sumatra), les îles Nicobar et l'archipel des Endamens où elle prend naissance, à moins qu'elle ne se lie à quelque rameau détaché de l'Hymalaya, qui se trouverait sur la côte voisine des Indes orientales.

Ces chaînes renferment une multitude prodigieuse de volcans, les uns éteints, les autres en pleine activité.

Pénétrons dans l'Océanie, par la Malaisie. Avant d'aborder l'île de Soumâdhra, le navigateur est souvent frappé par les aspects singuliers de la mer; tantôt les flots semblent ceux d'un Océan de feu, phénomène lumineux produit par la phosphorescence naturelle des eaux marines dans les contrées intertropicales, à laquelle se joint l'émission de lumière fournie par les pyrosomes, animaux infiniment petits de la classe des mollusques; tantôt la mer devient blanche comme du lait, d'autres fois d'un rouge de sang. La couleur blanche est produite par un courant qui vient des côtes de la Nouvelle-Guinée et du golfe Carpentarie, dont les eaux sont remplies d'une innombrable multitude d'animalcules microscopiques. Ce sont des milliards de petits animaux crustacés qui donnent aux eaux la teinte rouge de sang.

Dans l'île de Saumâdhra, on aperçoit dès l'abord, une haute chaîne, dont le principal sommet, le Gounong-Kosoumbra, est élevé de quatorze mille cent pieds. Soumâdhra est exposée aux ravages de cinq volcans ; les principaux sont le Berapi, le Gounong-Dembo, et l'Ayer-Raya, le plus actif de tous. L'intérieur de cette île renferme d'immenses forêts peu connues, dans lesquelles vivent des orangs-houtan et des hommes noirs pygmées dont la tête est d'un volume énorme. A Java, la chaîne des Alpes océaniques se continue, ses principaux sommets sont : le Gounong-Kandang, le Tourenterga, le Tagal, le Keddo, le Soudharâh, le Domong, le Djapan, le volcan Guédé, dont le cratère surmonte de dix mille pieds le niveau de la mer, et le Tankouban-Prahou, autre volcan, qui a un vaste cratère en forme d'entonnoir profond. Le sol de Java est fortement accidenté et partout empreint de la puissante action des phénomènes volcaniques. Le plus étrange de ces phénomènes se manifesta en 1772, pendant une courte, mais épouvantable éruption. Vers la partie occidentale du district de Chéribon, existait alors le Papadayan, le plus grand des volcans de Java. Dans la nuit du 11 au 12 août, un nuage lumineux, d'un aspect extraordinaire, enveloppa toute la montagne ; puis, quelques heures après, avant que les habitans effrayés par cette apparition inouïe eussent pu prendre la fuite, la montagne s'abîma à la suite d'une effrayante détonation. Toute l'artillerie de l'Europe réunie n'aurait pu produire une semblable explosion, des rochers en furent lancés à plusieurs lieues. La montagne disparut entièrement ; deux mille neuf cent cinquante-sept Javanais furent engloutis dans les entrailles de la terre qui s'entr'ouvrirent à plusieurs milles à la ronde. On voit actuellement une plaine sur l'emplacement du volcan.

L'île de Kalamatan ou de Bornéo, est la troisième du globe, pour la grandeur, la Nouvelle-Hollande et Madagascar seules la surpassent ; son étendue est de deux cent soixante-dix lieues de long, sur deux cent vingt-cinq de large. Cette île est inhospitalière pour les Européens, c'est dire qu'elle est peu connue ; son centre est un plateau marécageux et boisé, entouré de hautes montagnes, dont le Keence-Bollo est la plus élevée. Bornéo renferme aussi plusieurs volcans. Le Kini-Balou, haut de dix mille pieds, est remarquable par la quantité de cristaux et de mines dont il abonde.

L'archipel des Philippines est situé au nord de la grande île Kalamatan, sa superficie peut être de douze mille neuf cents lieues carrées. Les Philippines sont montagneuses et volcaniques ; Louçon et Maïndanao sont les îles principales du groupe. La mer qui les environne est le théâtre de tempêtes terribles et fréquentes, accompagnées de trombes redoutables. Ces convulsions atmosphériques purifient l'air, chassent les brouillards et les vapeurs qui s'élèvent des forêts et des marais. M. de Rienzi,

que je prends pour guide en vous parlant de l'O-
céanie, essuya dans sa navigition une de ces tempêtes, qu'il décrit ainsi : « Un violent typhon nous
» avait assailli la veille. Les vents furieux avaient
» secoué, tourmenté, ébranlé notre navire ; les
» vagues déferlaient sur lui en mugissant, et me-
» naçaient de l'engloutir. Notre grand mât avait été
» brisé pendant la nuit par la foudre, et nos voi-
» les avaient été emportées en partie. Le tonnerre
» et les flots, les vents et les montagnes voisines,
» et les antres de la terre, et les abîmes de l'O-
» céan, tout grondait autour de nous ; la nature
» était bouleversée, et la plus sombre terreur se
» communiquait jusqu'au fond de nos âmes. Cent
» coups de canon auraient été tirés à l'avant du
» navire, pendant ce bruit épouvantable et univer-
» sel, qu'on ne les aurait pas entendus à l'arrière.
» Heureusement, les vents déchaînés perdirent peu
» à peu leur fureur ; ils s'apaisèrent, et la brise
» du sud-ouest reprit son empire.

» A trois heures après-midi, nous étions en
» vue de Maïndano, où nous poussait une brise
» assez forte. Le vent s'éteignit tout-à-coup, le
» calme survint, de noirs et épais nuages obscur-
» cirent subitement le ciel, et semblèrent annon-
» cer une nouvelle tempête. Nous carguâmes toutes
» les voiles qui nous restaient. Bientôt nous aper-
» çûmes trois trombes : deux s'élevèrent et jaillirent

» entre nous et la terre ; la troisième parut au
» nord-ouest , à la distance d'une lieue de notre
» navire. Son mouvement fut en ligne courbe , et
» elle passa non loin de notre arrière. Je jugeai le
» diamètre de la base de cette trombe , être d'en-
» viron soixante pieds , car la mer , dans cet es-
» pace , était fort agitée et jetait de l'écume à une
» grande hauteur. Sur cette base je vis s'élever un
» grand tube en forme de colonne , par où l'eau
» ou l'air , et peut-être tous les deux à la fois .
» s'élançaient en spirale au haut des nuages , et
» qui entraînaient de force un malheureux Pétrel ,
» l'oiseau des tempêtes montant et tournoyant avec
» lui. Deux de ces trombes paraissaient stationnai-
» res , l'autre s'avançait vers le navire. Les vents ,
» soufflant de tout côté , amenaient dans les nua-
» ges quelques éclaircies par où passaient des rayons
» solaires à la lumière jaunâtre , des éclairs tra-
» versaient rapidement les nuages. Je profitai de
» cette lumière pour constater que le tube se for-
» mait de torrens d'eau élevés de la surface de la
» mer , et que l'air était imprégné d'exhalaisons
» sulfureuses. Ce qui me fit penser que ce phéno-
» mène devait une partie de son énergie au fluide
» électrique , et qu'il en fallait chercher la cause
» dans quelques volcans sous-marins.

» La trombe la plus voisine servait de point de
» réunion à la mer et aux nuages ; en s'approchant

» du navire, elle frappa d'admiration et de terreur
» tout l'équipage ; notre position était très-alarman-
» te ; le navire vira de bord. On tira le canon
» contre la colonne à une assez grande distance
» pour que notre navire ne fût pas englouti par
» sa chute. Un éclair rapide et sans explosion sil-
» lonna les nuages, quelques ondées de pluie
» tombèrent près de nous : la trombe trembla,
» chancela et se précipita avec fureur dans l'abîme,
» semblable à ces avalanches qui roulent avec
» fracas du sommet des Alpes helvétiques. Deux
» heures après, le soleil brillant et pur nous mon-
» tra au loin, mais devant nous, la grande île de
» Maïndanao. »

Louçon est la plus grande des îles Philippines :
parmi ses beautés naturelles, on remarque la La-
guna de Vay, magnifique lac de trente lieues de
circonférence, qui a des communications souterraines avec les volcans voisins ; sur ses bords, M. de
Rienzi a reçu l'hospitalité dans la maison de la
Hala-Hala, propriété d'un Français, M. de la Giro-
nière. Près de ce lac est la grotte de San-Matheo,
longue de deux mille pas, pleine de mares dans
lesquelles on plonge jusqu'à la ceinture. Au milieu
d'une gorge délicieuse, embellie par des bananiers,
des cocotiers, des palmiers, d'odorans orangers et
gardenia, sortent d'une montagne volcanique des
sources d'eau bouillante, tout animal qu'on y plonge

est depouillé de sa peau à l'instant même , un œuf y durcit en quatre minutes. Cette source et le hameau voisin, ont reçu le nom de los banos , *les bains ;* elle est fréquentée par les Européens de Manille. Nul site dans nos Pyrénées et dans nos Alpes , n'est plus imposant et plus grandiose , des basaltes, des roches volcaniques, des rocs pyramidaux , s'élèvent de toutes parts , et sont décorés par la verdure suave d'arbres séculaires.

L'île de Louçon ou Lousong , est ornée de montagnes , de forêts , de savanes, de lacs , de fleuves, de jardins ; elle possède beaucoup de sites romantiques. Pormi les volcans , on distingue l'Albay, dont le cône élevé est constamment en éruption. L'Albay devient surtout terrible en novembre et en décembre, après la saison des pluies. Ses convulsions s'annoncent alors par une brume blanchâtre qui recouvre sa cîme , et que les tremblemens de terre suivent de près ; c'est un indice auquel les habitans de l'île ne se trompent jamais.

Maïndanao , la seconde des Philippines en grandeur , a cent trente-cinq lieues de l'est à l'ouest , et soixante-quinze du nord au sud, c'est un Eden délicieux où les sites pittoresques, les grottes et les arbres les plus beaux abondent. Cette île renferme des forêts vierges formées de vaquois, de palmiers sagoutiers, de canneliers, de muscadiers, de palmiers aréquiers semblables à des colonnes légères, que les lianes vehouco et maca-bombay entrelacent de leurs vertes guirlandes; au-dessus de la voûte mobile de ces beaux végétaux, s'élève comme une seconde forêt, ce sont les cîmes des ébéniers, des pins et d'un acacia de deux cents pieds de hauteur. Le soleil ne pénètre jamais dans ces sombres retraites, et le voyageur, au milieu du jour ne peut y entrer que muni de torches ardentes. Ces forêts sont le domaine des serpens python et ibitin, longs de quarante pieds, des sangliers et autres animaux sauvages.

Les îles Moluques sont voisines des Philippines, mais plus méridionales ; depuis long-temps elles sont célèbres par les épices précieuses qu'elles produisent ; les Moluques sont un jardin odorant et délicieux.

Les Célèbes touchent aux Moluques, dont la plus grande, qui donne son nom au groupe, a cent lieues de longueur. Célèbes n'est pas moins belle que les Moluques ; comme Maïndanao, elle possède de sombres forêts, hautes, vigoureuses et impénétrables. Le sol est entièrement basaltique et volcanique, au centre de l'île sont plusieurs volcans très-actifs ; la chute des aérolithes est fréquente dans cette île. Près du village de Tousea-lama, on marche au milieu de ravins encaissés et pittoresques qui entourent le plateau de Tondano, dont le centre sert de coupe aux eaux d'un bon lac d'où s'élance un torrent, le Manado. Après quelques mètres de cours, les eaux du Manado, barrées par une roche de basalte, s'engagent dans un étroit canal, où comprimées, elles résistent et centuplent leurs forces, puis se dégagent violemment et tombent en gerbe épanouie dans un limpide bassin, avec un bruit qui remplit majestueusement l'espace. Le noir rocher de basalte qui entoure la chute est tapissé de charmantes fougères dont les feuilles, gracieusement découpées, se penchent langoureusement vers le bassin pour se rafraîchir dans le brouillard qu'il évapore. Sur la côte, trois autres rivières se précipitent au pied de rochers gigantesques et bizarres, au milieu d'arbres rares et singuliers. La plus grande des trois est la Chinrana qui sort du lac Tapara-Karadja.

Dans la Micronésie, le premier groupe d'îles qui se présente est l'archipel des îles Pelew, sur lequel on n'a rien ajouté à nos connaissances depuis la description un peu romantique qu'en a donné le capitaine Wilson. Viennent ensuite les Mariannes, les unes et les autres sont volcaniques ; les Carolines, Mulgraves et îles Gilbert ont absolument la même physionomie, ainsi que la même constitution physique. Une des singularités des groupes de la Micronésie, c'est un rocher haut de cent cinquante pieds, entièrement isolé, que les marins ont nommé la Femme de Loth, d'après un souvenir biblique.

Ce roc, vu de loin, présente quelque ressemblance
avec une statue mutilée, qui manquerait de bras ;
sa base est large et irrégulière ; sur la droite est
l'ouverture en arcade d'une caverne dans laquelle
les flots se précipitent avec fracas. Autour de ce
rocher bizarre on peut admirer plusieurs aspects
intéressans de la mer ; tantôt l'onde réfléchit les
plus brillantes couleurs, tantôt le navire qui la
sillonne s'arrête, et les marins effrayés, se croient
entourés d'un écueil de sable ; ou bien si l'ombre
s'abaisse et remplace l'astre lumineux, de vastes
et brillans sillons de feu dessinent leurs courbes
concentriques, autour du gracieux bâtiment dont le
vent presse la marche rapide. Ces jeux de lumière
sont dus à l'abondance des béroës, des biphores,
des méduses associés en myriades, qui remplissent
la mer par bancs de plusieurs lieues d'étendue sur
une profondeur de plus de trente pieds. Les
écailles microscopiques des biphores décomposent
la lumière comme autant de prismes lorsque le
soleil est radieux ; leur teinte jaune simule un
écueil sablonneux, quand l'atmosphère se charge
de vapeurs, et la phosphorescence de ces animaux
singuliers, illumine l'Océan pendant les sombres
heures de la nuit.

Vers les îles du Japon se trouve l'archipel de
Kounin-Sima, entièrement désert, et couvert d'admirables forêts vierges, formées par des coryphas

aux feuilles en éventail ; des pandanus aux fruits d'un rouge éclatant et lustré comme du corail ; des callophylum, des terminalia, dodonea, éleocarpus, et plusieurs espèces magnifiques de lauriers. L'île de Peel, peu distante de Bounin-Sima est toute entière une masse volcanique couverte, jusque sur le sommet de ses collines, d'arbres propres aux constructions navales.

En venant du sud, on trouve, en abordant l'île Peel, le port de Lloyd placé sur la côte occidentale. Ce port sert d'abri aux vaisseaux baleiniers qui viennent s'y approvisionner d'eau douce, de bois et de tortues.

Le port de Lloyd, d'après le dire du capitaine de vaisseau russe Lütke, est un des points les plus importans de la Micronésie, à cause des ressources sans nombre en vivres, eau, bois, et rafraîchissemens de toute espèce que l'île Peel offre aux navigateurs ; ce port est un abri sûr et commode en toute saison pour les vaisseaux.

L'île Peel abonde en tortues dont la chair est délicieuse, mais il est à craindre que les cochons que les Européens ont abandonné sur cette terre, et qui s'y multiplient rapidement, ne viennent à les détruire, car ils en recherchent les œufs pour les dévorer. Ces pachydermes ont eux-mêmes dans les corbeaux de l'île un redoutable ennemi, ils attaquent les marcassins nouveaux-nés, les enlèvent,

et arrachent la queue à ceux dont le poids est
trop considérable pour être emportés. Les truies
ont l'instinct de se retirer dans les fourrés les
plus épais des bois pour y élever leurs petits, et
de ne reparaître que lorsqu'ils sont assez vigoureux pour braver l'oiseau vorace. L'île de Peel a
servi de refuge à deux Anglais naufragés que le
capitaine Lütke recueillit. Voici le récit que ce
marin distingué fit du naufrage des deux insulaires
de la Grande-Bretagne.

« Devant nous, des montagnes nous apparais-
» saient revêtues d'une verdure pompeuse et variée,
» elles présentaient un tableau aussi pittoresque
» qu'attrayant. Entre des rochers sauvages et nus,
» s'élevant de trois cents pieds et plus au-dessus
» de l'eau, s'enfonçaient dans plusieurs endroits
» des anses bordées de plages sablonneuses, d'où
» s'élançaient assez abruptement, à la hauteur de
» sept à huit cents pieds, des montagnes couvertes
» de bois jusqu'au sommet. Des rochers isolés
» dans la mer, de diverses formes fantastiques,
» plus nombreux surtout à la pointe méridionale,
» diversifiaient le tableau; sur une de ces hauteurs
» nous vîmes de la fumée, puis des hommes
» tirant des coups de fusil, et faisant des signaux
» avec un pavillon anglais. Quoiqu'il se fît déjà
» tard, je résolus d'envoyer à l'instant une embar-
» cation à terre, pour ne pas laisser plus long-

» temps sans consolation des malheureux que nous
» regardions indubitablement comme des naufragés.
» J'ordonnai à l'enseigne Ratmanoff de passer la
» nuit à terre avec le canot, et de revenir au
» point du jour. Il était accompagné de MM.
» Mertens et Kitlitz.

» Ils revinrent le lendemain matin, amenant avec
» eux le bosseman (*) Wittrien et le matelot Peter-
» sen, du baleinier anglais Williams, perdu sur
» cette côte dans l'automne de 1826. J'appris d'eux
» que le capitaine anglais Beechey, de la corvette
» Blossom, nous avait devancés en faisant, au
» mois de juin de l'année précédente, la reconais-
» sance de toutes ces îles. Les navigateurs ne
» s'étonneront pas de nous entendre avouer que nous
» fûmes profondément fâchés d'avoir été prévenus
» dans la résolution de l'un du petit nombre des
» problèmes géographiques de quelque importance
» qui restent encore à éclaircir de notre temps.
» Faire une seconde fois la reconnaissance de cet
» archipel, après un officier aussi habile que le
» capitaine Beechey, c'eût été perdre en vain son
» temps. Je résolus donc de mettre à profit d'une
» autre manière les peu de jours que nous pou-
» vions encore prendre sur notre traversée au nord,
» c'est-à-dire, de faire dans cet endroit des obser-

(*) Nom d'un grade inférieur dans la marine anglaise.

» vations sur le pendule, et de fournir à **MM.**
» les naturalistes l'occasion d'explorer la nature
» d'une terre encore entièrement inconnue sous ce
» rapport.

» Nous nous trouvions droit en face de l'entrée
» d'un très-bon port, dont Wittrien me remit le
» plan qu'avait laissé ici le capitaine Beechey, pour
» les bâtimens qui auraient occasion d'y relâcher.
» Nous guidant d'après ce plan, nous nous mîmes
» à louvoyer vers ce point, et après plusieurs
» bordées nous jetâmes l'ancre au haut du port
» appelé, par notre prédécesseur, port de Lloyd.

» Je descendis à terre le même jour, accompagné
» des deux anachorètes, pour chercher un endroit
» convenable à mes travaux. Il était très-singulier,
» de rencontrer dans le bois, à une grande dis-
» tance de la mer, tantôt des débris de mâts,
» même des mâts de hunes entiers, tantôt de
» larges masses de bordage, et, à chaque pas,
» des barriques, ici vides, là remplies de l'huile de
» cachalot la plus pure, dont le Williams avait
» son chargement complet, lorsqu'il fit naufrage. Ce
» bâtiment était à l'ancre dans un mauvais endroit
» de la partie méridionale du port. On peut croire
» qu'il était sous l'influence d'un destin ennemi ;
» car, immédiatement avant son désastre, il avait
» même perdu son capitaine, tué par la chute

» d'un arbre qu'on abattait. Peu de jours après
» cet évènement, le Williams fut arraché de dessus
» ses ancres par un violent coup de mer, et jeté
» sur les roches dans l'anse que nous avons
» appelée l'anse du Naufrage. Tout l'équipage se
» sauva à terre. A peu de temps de là, le navire
» le Timor, appartenant au même armateur que
» le Williams, vint mouiller dans le port de Lloyd,
» et tout le monde partit sur ce bâtiment pour les
» Indes Orientales, à l'exception de Wittrien et de
» Petersen, qui consentirent à rester pour sauver
» ce qu'ils pourraient du bâtiment naufragé ; le
» capitaine du Timor leur ayant promis de venir
» les reprendre l'année suivante. Soutenus par
» cette espérance, nos deux ermites vivaient tran-
» quillement dans la maisonnette qu'ils avaient
» construite des débris du navire qui fut mis en
» pièces et dispersé sur tous les rivages du port
» par un ouragan qui survint vers la fin de l'au-
» tomne. Soit qu'ils comptassent toujours sur l'ar-
» rivée de leur bâtiment, soit que les matelots du
» commerce redoutent de servir sur des bâtimens
» de guerre, ils ne voulurent point s'embarquer sur
» le Blossum. Cependant, depuis son départ, aucun
» autre bâtiment n'ayant paru jusqu'à nous, ils
» me prièrent avec instance de les délivrer de leur
» emprisonnement, ce que je fis naturellement avec
» plaisir.

» Le lendemain , nous nous donnâmes le plaisir
» d'une visite à l'habitation du nouveau Robinson.
» Nous fûmes rencontrés sur la rive par les des-
» cendans des compagnons d'infortune de nos soli-
» taires , et d'énormes troupeaux de cochons qui,
» n'ayant pas reçu depuis vingt-quatre heures leur
» nourriture accoutumée , nous entouraient et nous
» suivaient partout. Une maison en planches de bor-
» dages de navire , avec un perron , couverte en
» toile , et portant au-dessus de la porte l'inscrip-
» tion : *Charles Wittrien's premises* , était la rési-
» dence de nos hôtes. Une table , deux hamacs ,
» un coffre dont le couvercle d'acajou était le dessus
» de la table du capitaine , des fusils , une bible ,
» un volume de l'encyclopédie britannique , quel-
» ques instrumens de pêche et deux estampes for-
» maient l'ameublement de cette unique habitation
» humaine sur les îles Bounin. Il y avait attenant
» un petit réduit couvert en cuivre , à côté un
» magasin , plus loin deux marmites incrustées dans
» un fourneau , pour servir de saunerie ; sur le
» rivage , deux canots en planches d'un pouce d'é-
» paisseur doublés en cuivre ; partout un mélange
» de luxe et de misère ; partout les traces du génie
» d'invention que le besoin inspire à l'homme.
» Des sentiers battus dans diverses directions con-
» duisaient de la maison à quelques reposoirs et à
» de petits bancs placés dans des endroits d'où les

» solitaires pouvaient le mieux découvrir la mer,
» et où ils passaient des journées entières, dans
» l'espoir de voir paraître quelque navire, messa-
» ger de leur délivrance. L'ennui, et cet insur-
» montable sentiment de tristesse qui s'empare de
» l'homme privé de la société de ses semblables,
» étaient les seuls ennemis qui troublassent le repos
» de leur vie qui, avec les ressources que leur
» offrait la riche nature de cette terre, sous un
» beau climat et avec ce qu'ils étaient parvenus à
» sauver du navire, aurait pu, sans ces motifs, être
» agréable. »

Tant il est vrai, mes enfans, que l'homme est créé pour vivre en société ; ne pouvant se séparer de ses semblables, combien ne doit-il pas les aimer ? que d'indulgence ne doit-il pas avoir pour eux ? que d'efforts ne doit-il pas faire, pour plier son caractère et ses goûts selon le caractère et les goûts de ceux qui l'entourent, afin de rendre plus agréable et plus douce leur existence mutuelle ? Mais revenons à notre exploration de l'Océanie.

Le navire qui fait voile vers l'est, sort des limites de la Micronésie, et entre dans la Polynésie ; les îles Hawaii, les Sandwich de Cook, sont les premières terres importantes qu'il découvre. Elles se composent d'Hawaii, Tabou-Rawe, Ranat, Morakai, Oahou. Cette dernière est un délicieux paradis, orné de sites admirables, et d'une végétation à nulle autre comparable. Ce qu'il a de plus remarquable dans Oahou, c'est le pic de Pari et la vallée de Oua. Le pic de Pari domine l'ile entière, on y arrive en traversant d'abord une suite de ravins et de bosquets très - épais ; au milieu de ces gorges, l'air est à peine agité, et le feuillage des arbres reste immobile, mais lorsque l'on atteint un angle formé par un rocher qui surplombe un précipice de mille pieds de profondeur, en tournant l'angle, sans transition aucune, on est frappé par le souffle terrible d'un vent de tempête, qui règne là éternellement ; ce roc est une espèce de mur de laves, c'est le sommet du Pari. Sur cette crête, l'œil embrasse un admirable horizon ; sous les pieds se déroulent de riches vallées semées de villages, au loin la mer ; à droite et à gauche des aiguilles de granit, des pyramides volcaniques, des précipices couverts d'arbres ornés de fleurs et de superbes feuillages.

La vallée de Oua est un site délicieux, c'est une terrasse naturelle ménagée au fond d'un ravin dominé par deux hautes montagnes ; leur penchant est presque perpendiculaire, il forme un rempart de lave haut de mille pieds qui n'a qu'une seule ouverture du côté de la ville d'Hono-Rourou ; au fond de cette fraîche vallée, où ne pénètre jamais le soleil, coule un gracieux et limpide ruisseau.

L'île d'Hawaii est la plus considérable de l'archipel, c'est une masse entièrement volcanique,
vomie par des cratères sous-marins, hérissée de
rocs de laves et de pitons coniques. On remarque
dans cette île, d'abord le labyrinthe de grottes de
Rani-Akea, qui, selon les rapports d'un voyageur,
tantôt serpentent en couloirs bas et étroits, tantôt
s'élargissent en salles spacieuses, hautes de vingt
pieds. « Nous marchâmes ainsi aux flambeaux, dit
» ce voyageur, escorté par des naturels pendant un
» espace de douze cents pieds environ. Les parois
» intérieures du roc n'avaient de caractérisques que
» des configurations bizarres, apparaissant de dis-
» tance en distance. On eût cru voir çà et là des
» statues taillées par le ciseau, des niches gothi-
» ques, de longues colonnades grecques, des bas-
» reliefs ou des frises ornées. Aucun accident de
» stalactise ou de stalagmite ne se faisait remar-
» quer. Au bout de ces couloirs et de ces salles
» souterraines, se révéla tout-à-coup un obstacle
» imprévu, une vaste et profonde barrière d'eau
» salée. Nous fîmes une halte sur ses bords. Alors
» quelques-uns des naturels qui nous accompa-
» gnaient donnèrent leurs torches à leurs cama-
» rades et se jetèrent dans le lac pour le traverser
» à la nage : c'était comme une fantasmagorie.
» Ce bassin d'eau, au-dessus duquel pendaient en
» franges, en larmes, en aiguilles, les concrétions

» de la lave, cette voûte dont pas un morceau
» n'avait la même forme, ces reflets des flambeaux
» sur les ondes du lac, ces têtes basanées de sau-
» vages qui sortaient de l'eau, éclairées à demi,
» ce silence et ces ténèbres, puis soudain la
» répercution de la parole par les échos souterrains,
» tout cela composait un fantastique tableau, un
» de ces rêves comme on en trouve dans Apulée,
» cet ingénieux révélateur des hiérophantes d'Egypte;
» ou bien encore une de ces peintures échappées
» aux mythologues anciens, leur Styx, leur Aché-
» ron, leur Cocyte, l'antre de Cacus. L'entrée du
» souterrain se trouve placée à un demi-mille de
» la mer, et la profondeur de l'eau paraît être de
» cinquante à soixante pieds. L'action de la marée
» s'y fait sentir, et probablement il existe une
» communication souterraine entre la mer et le
» réservoir intérieur. »

Le promontoire de Kaï-Roua est une production
contemporaine du volcan Mouna-Huararai; il pro-
jeta de ses entrailles, en un seul jour, un fleuve
de lave qui s'avança d'une lieue en mer où, saisi
par le froid de l'eau, il se solidifia et devint une
chaussée de roc terminée par un noir rocher. Un
Anglais, témoin de cette éruption effroyable, rapporte : « Que la masse brûlante, avant d'usurper
» sur les domaines de l'Océan, passa sur des
» villages, couvrit des plantations, combla une baie

» tout entière, changea l'aspect de la côte, dévora
» des milliers d'hommes et de bestiaux. Le torrent
» de lave marchait avec une irrésistible impétuosité.
» Il arrivait par couches successives, tordant tout sur
» son passage, coupant l'arbre au pied, comblant
» les ravins, et retrouvant toujours sa pente vers
» la mer. »

Sur ce promontoire sont creusés des gouffres profonds dans lesquels l'eau de l'Océan se précipite avec fracas, puis rejaillit en jets élevés par des ouvertures percées des divers côtes. Rien n'est plus imposant que ces belles et rapides arcades liquides, retombant en cascades écumantes sur le roc, lorsque la tempête comprime les eaux dans les gouffres intérieurs.

L'île d'Hawaïie est célèbre par son volcan Kirau-Ea, le plus extraordinaire du globe entier. Après avoir traversé une plaine ornée de bosquets, de cocotiers, de pandanus et de bananiers, suivie d'un bois d'aleurites qui végète sur une couche de lave, et praticable seulement par un étroit sentier, à cause des lianes et autres plantes parasites, on arrive sur une large coulée de laves, chaussée polie et glissante, sur laquelle le pied peut à peine se fixer. Il faut marcher pendant plusieurs heures sur ce terrain difficile, avant que le volcan se revèle. On est averti de son voisinage par de longues colonnes de noires vapeurs qui s'élèvent vers les nues. Bientôt le voyageur arrive sur les bords d'un précipice profond de cent cinquante pieds, couvert d'arbres et de buissons, une rampe à pic, qu'il faut se résoudre à descendre, conduit dans une petite plaine où est un second précipice taillé en mur jusqu'à une profondeur de deux cents pieds. En suivant le rebord d'un précipice, qui a la forme d'une digue, on arrive sur le penchant d'un gouffre horrible, vomissant des flammes et une épaisse fumée sulfureuse. Le tableau offert par cette espèce de lac brûlant est au-dessus de toute description. La surface de ce lac de laves est de sept à huit milles anglais de circonférence, la pente des bords est de treize cents pieds, au fond on distingue une soixantaine de petits cônes d'où jaillissent les flammes, le centre est onduleux ; dans certains endroits la lave apparaît pâteuse, demi-solide, couverte de soufre ; dans d'autres encore incandescente et liquide. Rien n'est plus instable que le fond de ce gouffre ; l'action convulsive du feu souterrain qu'il couvre, le tourmente et le modifie singulièrement chaque jour. Avant l'arrivée des missionnaires anglais qui ont implanté la civilisation européenne dans cette île où Cook perdit la vie il n'y a pas un siècle, les Hawaïens regardaient le Kirau-Ea comme le palais de Pele, déesse du feu et des volcans. Non loin de ce cratère extraordinaire s'élève l'imposante masse du mont Mouna-Roa.

Le volcan de Pouna-Honou appartient à la même île; sa célébrité est moindre que celle de Kirau-Ea, cependant il n'est pas moins curieux. C'est aussi une dépression de trois mille pieds de diamètre, entourée de crevasses et de petits cratères exhalant de la fumée, le fond de la dépression est distante du bord d'environ cinquante pieds; deux fentes, prodigieusement béantes, projettent des vapeurs avec une force et un sifflement qui annoncent un puissant travail intérieur; de temps à autre, après une détonation souterraine, et une secousse du terrain, s'élance une longue colonne de flamme surmontée d'un dais de cendre d'où tombe une pluie de ponces et de scories, puis un ruisseau de laves déborde, s'avance vers la plaine, incendiant les arbres et les buissons.

Après avoir quitté les îles Hawaï et coupé l'équateur, on rencontre le petit archipel de Nouka-Hiva, formant les îles Marquesas ou marquises, de l'espagnol Mindana, qui en fit la découverte en 1595. Ici change l'aspect général du sol; il doit aussi son origine aux éruptions volcaniques, mais comme nombre de siècles se sont écoulés depuis qu'il a surgi hors des profondeurs océaniques, une belle végétation recouvre et cache les laves. Les îles Nouka-Hiva renferment peu de plaines, elles ne

sont qu'une suite de hautes collines et de vallées,
depuis leur centre jusqu'au rivage même. Le paysage intérieur est plein de grâce et de fraîcheur;
les cocotiers, les pandanus, l'arbre à pain, unissent leurs verts feuillages en bosquets délicieux,
et souvent dans l'intervalle de leurs élégans bou-
quets, on aperçoit la chute d'une cascade, qui
descend tantôt d'un seul jet, tantôt en se brisant
sur les rochers du haut d'un morne de deux à
trois cents pieds d'élévation. Si l'on fait voile de
cet archipel vers celui de Taïti, on aborde d'abord à
l'île Waïhou, île de Pâques des premiers navigateurs
dans le grand Océan du sud. C'est une masse
volcanique stérile, couverte de ponces et de scories,
sans sources ni cours d'eau; les insulaires ne
peuvent se désaltérer que dans les mares fétides
où s'amassent les eaux pluviales. Notre grand navigateur Lapeyrouse vit dans cette île une montagne
en forme de cône, portant à son sommet un
cratère éteint. La stérilité de Waïhou fait que les
marins ne s'y arrêtent que peu de temps; non
loin de là ils rencontrent l'archipel Pomotou, suite
d'îles basses s'étendant sur une surface de cinq
cents lieues. Chaque îlot se compose d'une ceinture dont la base est du corail et des médrapores,
entourant un lagon d'eau salée. Les îles Pomotou
sont indiquées sur les anciennes cartes par les
noms d'archipel dangereux, îles basses, mer mau-

vaise. Leur abord est en effet difficile, à cause des récifs de coraux qui sont cachés par quelques pieds d'eau seulement. C'est là une des terres nouvelles enfantées par les animaux madreporiques, que le travail de ces animaux et les siècles transformeront en un vaste noyau de continent.

L'archipel de Taïti est célèbre par les peintures romanesques et enthousiastes qu'en ont donné Cook et Bougainville; le second de ces illustres navigateurs le nomme Archipel de la Société. Aujourd'hui on a substitué les noms nationaux de ces îles, aux noms imposés par leurs découvreurs, car ceux-ci avaient l'inconvénient de n'être pas généralement admis par les géographes Européens. L'archipel de Taïti est composé de onze îles : Maupiti, Toubaï, Bora-Bora, Tahaa, Raiatea, Wahine, Tabou-Emanou, Maïtia, Eïmeo, Tetoua-Roa et Taïti. Tout ce beau groupe est volcanique, c'est le paradis de l'Océanie. La température, malgré la latitude, est douce, le sol gras et fertile, les végétaux magnifiques, les sites d'un pittoresque admirable. On distingue parmi les beautés les plus remarquables, la vallée de Matawaï. Pour y parvenir il faut traverser le lit d'un torrent; cette vallée resserrée entre de hautes montagnes est couverte de beaux arbres, les flancs des monts sont ornés de jolies bruyères et d'odorans arbrisseaux.

partout l'eau suinte à travers les rocs et s'échappe
tantôt en filets argentés, tantôt en cascades limpides
qui se joignent pour devenir un torrent écumeux.
Arrêté dans sa marche par un précipice, ce courant rapide s'élance dans le gouffre d'une hauteur
de quatre-vingts pieds. Au-dessus de la chute, la
vallée s'élargit, la montagne qui l'encaisse à droite
se dresse en forme de mur à pic, élevé de cent
pieds. Le rocher qui produit cette muraille naturelle
se nomme le Piha, c'est une masse basaltique
dont les milliers de prismes s'accollent en longues
colonnes cannelées. Plusieurs chutes embellissent de
leurs eaux ce roc majestueux, les unes tombent
en nappe, les autres en gouttes divisées comme
celles d'une douce averse de printemps, mais elles
sont dominées par une puissante cataracte, au
murmure grave et religieux. Les montagnes se
rapprochent ensuite tellement, qu'elles ne laissent
au torrent qu'un lit étroit, barré par des rochers
que l'eau franchit en bouillonnant.

Dans l'intérieur de l'île est le lac Wahi-ria, vaste
coupe sans fond, selon la croyance des indigènes,
mais où la sonde trouve soixante-six pieds sur les
bords et cent deux pieds vers le centre, d'un côté
la rive du lac est formée par une masse de rochers
perpendiculaires, hauts de quinze cents pieds, de
l'autre par une pente douce tapissée de fougères,
végétant entre des prismes de basalte mêlés

à des blocs de lave vaporeuse ; mille cascades tombant de rochers en rochers se précipitent dans le lac qui ne donne issue à aucun ruisseau. Le Mont-Mowa mire son orgueilleux sommet, haut de dix mille deux cents pieds, dans le beau cristal du Wahi-ria. On ne peut arriver jusqu'à ce lieu si romantique, qu'en franchissant une vallée sauvage surplombée par des rochers verticaux versant des des eaux abondantes de toutes parts, et qui se termine par une suite de collines abruptes disposées par étages, entrecoupées de vals étroits et de marais.

Bora-Bora est un grand cône volcanique, dessinant une vaste pyramide couverte d'arbres sur sa pente ; cette belle île est entourée d'une ceinture de récifs élevés au-dessus de l'eau, et plantés d'élégans cocotiers ; elle est, d'après l'expression poétique d'un navigateur, comme un bouquet entouré d'une verte guirlande.

Les archipels Tonga, Hamoa et Viti, sont comme une chaîne qui s'étend entre les îles Taïti et les îles Salomon. L'archipel Tonga se compose de plus de cent îles qui sont les îles des Amis de nos anciennes cartes. Tonga-Tabou, la plus grande du groupe, a pour base un roc de corail. Les ilots nombreux et fertiles de ce bel archipel semblent de frais oasis au milieu du désert. Souvent au sein de ces masses madréporiques fabriquées par les animaux singuliers de l'Océan, s'élancent des pitons basaltiques et des cônes volcaniques : l'eau et le feu ont uni leurs efforts pour préparer une demeure au roi de la création.

Les îles Hamon, sont les îles désignées autrefois sous le nom si vague d'Iles-des-Navigateurs. La plus favorisée de ce groupe est l'île Plate : une végétation admirable couvre cet îlot, dont le centre s'élève en pyramide à sommet plat, circonstance de laquelle l'île a tiré son nom. Maouna est célèbre parmi les autres terres de l'archipel Hamoa, par la mort du capitaine Delangle et du naturaliste Lamanon, compagnons de Lapeyrouse. Corail, madrépores et laves, sont encore les matériaux, base des îles Hamoa.

Les îles de Viti forment un archipel immense qui se prolonge sur une étendue de cent lieues du nord au sud, sur une largeur de quatre-vingt-dix lieues de l'ouest à l'est. Elles sont habitées par une race anthropophage issue d'un mélange de Papous et de Polynésiens ; fertiles et riches en forêts, le précieux bois de sandal y abonde. Les récifs de corail rendent fort dangereux les canaux qui séparent ces îles. Entre elles se distingue Kandabou par ses mornes dominés par un piton dont la cime se cache dans les nuages. Les îles Viti commencent la

Papouasis ou région de l'Océanie habitée par les Papous.

Les nouvelles Hébrides ressemblent aux îles Viti : dans Tanna, l'une d'elles, Cook fut témoin d'une violente éruption volcanique. Vanikoro est le lieu où Lapeyrouse fit naufrage et termina sa glorieuse existence ; un monument simple en forme de pyramide a été élevé à sa mémoire sur cette plage lointaine, par le capitaine Dumont d'Urville. De nombreux récifs de corail entourent cette île funeste et malsaine.

Dans l'archipel de Salomon, il faut signaler l'île Isabel, où le capitaine Surville mouilla le 13 octobre 1769 dans un hâvre qu'il nomme port Praslin. Ce hâvre est semé d'îlots ; il est entouré d'une grève ombragée par de beaux arbres, au fond est une superbe cascade qui descend dans la mer par trois gradins de rochers bizarrement taillés et creusés en bassins superposés, des sandals, des pandanus et des cycas, sortent de l'interstice des roches humides et penchent sur les eaux leur verte chevelure. Ce serait à l'extrémité de l'archipel de Salomon, qu'il faudrait placer les îles du massacre, de l'Américain Morell, si l'emphase de son récit et l'absence de toute lumière dans laquelle il laisse sur leur position, ne faisaient soupçonner le peu de véracité de sa relation. Les madrépores continuent à servir de base

aux îles de Salomon, à la Nouvelle-Irlande et à la
Nouvelle-Bretagne.

La plus grande île de la Papouasie est la Nouvelle-Guinée, que le détroit de Torrès sépare de la
Nouvelle-Hollande. La Nouvelle-Guinée a été découverte vers 1511 par les Portugais Antonio Abreu
et Francisco Serrano, sa longueur est de cinq cents
lieues, sa largeur de cent trente dans les points
les plus étendus, de cinq seulement dans les plus
étroits. Peuplée d'hommes noirs et demi-sauvages,
la Nouvelle-Guinée est néanmoins un fortuné séjour
abondant en végétaux utiles, en arbrisseaux odorans, en fleurs et oiseaux brillans de riches teintes.
Salawati et Waisgiou, ressemblent pour la constitution physique à cette grande île.

Waisgiou, jusqu'à présent a été peu connue ; je
vais vous lire sur cette île de la Papouasie un
morceau curieux de notre célèbre navigateur Dumont
d'Urville.

« Depuis deux jours les naturels n'avaient point
» encore paru le long du bord ; dans mes courses
» précédentes, je n'avais pu approcher d'eux, non
» plus qu'aucun officier de l'Uranie. Pourtant je
» désirais observer cette race d'hommes, touchant
» laquelle les dépositions des voyageurs avaient été
» si différentes ; les uns les dépeignant comme des
» sauvages féroces et sanguinaires, qui ne cher-

10..

» chaient que l'occasion de surprendre les étrangers
» pour les égorger et leur couper la tête ; d'autres
» n'ayant trouvé en eux que des hommes doux ,
» paisibles et timides ; en outre , je voulais cons-
» tater ce qu'il y avait d'exact dans le fait men-
» tionné par Forrest , qu'un isthme étroit séparait
» le port de Fofahak d'une grande baie méri-
» dionale.

" A six heures du matin , je m'embarquai avec
» MM. Lesson et Roiland dans le grand canot,
» armé de sept hommes. Parmi ces canotiers,
» j'avais placé l'Anglais Williams, dont le dévoue-
» ment , la bonne volonté et l'intrépidité , m'inspi-
» raient le plus de confiance. Nous passâmes devant
» la haute Péninsule que couronne un morne élevé,
» dont la forme bizarre affecte celle d'un bonnet
» phrygien , et devant la petite île des tombeaux
» qui se réunit à la Péninsule par un récif couvert
» seulement de quelques pieds d'eau à la marée
» basse. Sur le bord de l'île se trouvaient une
» dizaine de naturels , postés près de leurs piro-
» gues , qui nous regardaient venir avec inquiétude,
» et semblaient tout prêts à s'enfuir dans leurs
» pirogues. La connaissance que j'avais déjà acquise
» du caractère de ces sauvages , m'avait indiqué
» que, pour entrer en communication avec eux ,
» rien n'est plus maladroit que de marcher directe-
» ment vers eux , quand ils ont peur de vous ; mais

» qu'il faut au contraire faire semblant de ne pas
» les voir, ou de ne pas se soucier d'eux, et peu
» à peu leur défiance diminue.

» Ainsi, je recommandai à mes compagnons de
» ne pas faire semblant de les regarder, et nous
» poursuivîmes notre route. Nous ralliâmes la côte
» méridionale du Hâvre, qui est fort raide et n'offre
» pas un seul point où l'on puisse débarquer : elle
» en est en outre couverte d'arbres d'une hauteur
» médiocre parmi lesquels les casuarica sont les
» plus nombreux. En quittant le bord, le ciel était
» déjà couvert ; mais je comptais arriver sans eau,
» lorsqu'à sept heures, les nuages parvenus sur nos
» têtes éclatèrent et nous couvrirent de torrens de
» pluie, si bien que nous fûmes en peu de minu-
» tes trempés jusqu'aux os. En cela, mon plus
» grand regret fut de voir que le temps nuisait
» infiniment à mes recherches de botanique et
» d'entomologie (*).

» Vers sept heures et demie, nous parvînmes
» au fond de l'anse qui termine le bras occidental
» du hâvre de Fofahak, éloigné d'une lieue de
» notre mouillage. En y arrivant, une triste scène
» s'offrit à mes regards. En place d'une plage
» dégagée, accessible et même habitée, que je

(*) L'entomologie est la partie de l'histoire naturelle qui s'occupe des
insectes.

» m'attendais à trouver, le rivage n'offrait qu'un
» marais fangeux, couvert d'immenses mangliers
» du genre *bruguiera*, dont les racines traçantes,
» arquées et anastomosées (*) dans tous les sens,
» étendaient une sorte de filet sans bornes sur
» tout ce marécage. Rien n'est plus pénible, plus
» difficile, que de s'avancer sur ce sol; en chemi-
» nant sur ces racines, le pied glisse à chaque
» instant, et l'on court le risque de se rompre le
» cou. Nous restâmes dans le canot pour faire
» notre frugal déjeûner, dans l'espoir que la pluie
» cesserait, mais elle continuait avec force. Pour
» ne pas perdre le fruit de cette course, à huit
» heures je me décidai à pousser une reconnais-
» sance à l'intérieur, aussi loin que je le pourrais.

» Je me mis en route accompagné de Rolland,
» de Williams et de deux autres marins; M. Lesson
» préféra demeurer près du canot. Nous trouvâmes
» sur le rivage deux pirogues qui semblaient
» récemment tirées à terre; j'en conclus naturel-
» lement que ces lieux étaient visités par les sau-
» vages, et que je pourrais en rencontrer de nou-
» velles traces sur ma route. Après avoir suivi
» l'espace de cent pas le lit d'un torrent assez
» profond, nous tombâmes sur une case qui, par

(*) C'est-à-dire se rejoignent pour se diviser, puis se rejoindre et se réunir
encore comme les mailles d'un filet ou les nervures d'une feuille

» sa forme et par la nature de ses matériaux, ne
» me parut propre qu'à servir de station pour se
» mettre à l'abri des injures du temps. Près de là
» gisaient sur le sol deux édifices plus considé-
» rables. Le terrain sur ce point est couvert de
» mangliers, de palmiers, de lataniers, de panda-
» nus et d'autres grands arbres. La plupart de
» ceux-ci ont leurs troncs couverts, jusqu'à une
» énorme hauteur, de pothos (*) énormes, dont
» quelques-uns m'offraient leurs beaux spadices
« terminaux. A cette case commence un petit sen-
» tier assez nettement tracé, qui nous permit de
» cheminer à travers ces inextricables lacis de
» végétaux. Après avoir traversé plusieurs fois un
» torrent d'eau très-fraîche, nous nous trouvâmes
» au pied de la montée. La route devient plus
» commode, le sol est plus ferme et plus sec, et
» je recueillis plusieurs sortes de plantes nouvelles
» pour moi, parmi lesquelles je ne citerai que le
» curieux *Nepenthes mirabilis* (**) aux godets tou-
» jours remplis d'eau, que je rencontrais pour

(*) Les pothos sont de belles plantes parasites pour la plupart ; on les range dans la famille des aroïdes ; elles se composent d'une racine qui s'enfonce, soit en terre, soit dans le tronc d'un arbre, de feuilles dures et coriaces, et de fleurs disposées en spadice (sorte d'épis) cylindrique, simple, entouré d'un spathe monophyle (enveloppe membraneuse d'une seule pièce).

(**) Les népenthes, avec les rafflesia et les cytinus, forment la famille des cytinées, voisine des aristolochées.

» la première fois. Par malheur la pluie tombait
» à verse, et ces échantillons ne pouvaient être
» bien conservés.

« A mesure que nous nous élevions, le sentier
» devenait plus rapide ; le sol argileux était si
» glissant, que nous eussions probablement échoué
» dans nos efforts, sans des entailles, pratiquées
» par les naturels, qui nous servaient de degrés.
» Toutefois, il nous arrivait souvent de lâcher
» pied, et alors nous perdions, en une seule glis-
» sade en arrière, le fruit de longs efforts. Nous
» nous en consolions en riant à gorge déployée de
» notre déconvenue. Enfin, nous arrivâmes au
» sommet de l'isthme dont j'estime la hauteur
» totale à cent toises environ. Là fut résolue sur-

Les népenthes sont des végétaux singuliers, vivaces et herbacés, dont les feuilles se terminent par un long filament, qui supporte un godet recouvert, d'une sorte de couvercle, qui s'ouvre et se ferme naturellement. Ces godets sont constamment remplis d'une eau claire, douce et agréable au goût, qui a sa source dans le tissu même du vase, où l'on trouve des espèces de glandes qui produisent le liquide. A Madagascar, les noirs s'imaginent qu'il pleuvra toute la journée, si quelqu'un renverse à terre l'eau d'un népenthes. Les diverses espèces de ce genre sont : le népenthes des Indes, le népenthes de Madagascar, le népenthes à feuille en forme de bouteille, le népenthes en crête, le népenthes mirabilis et le népenthes gymnamphora. Ce genre de plantes n'a de commun que le nom avec le népenthes des Grecs, dont parle Homère, végétal qui jouissait, dit-il, de la propriété de dissiper les chagrins, calmer la colère, et faire oublier tous les maux, lorsqu'on en buvait le suc mêlé à du vin. Ce népenthes antique ne pouvait être que le pavot à l'opium ou la jusquiame datura.

» le-champ la question qui m'appelait en ces lieux.
» Dans la direction de la baie Forfahak, les arbres
» me cachaient la vue de la mer, et je ne pouvais
» voir que la haute crête dentelée qui règne
» au-delà ; mais du côté opposé, c'est-à-dire dans
» la direction du sud au sud-est, je vis avec joie
» un immense bassin, et sur sa surface quelques
» îles plus ou moins considérables. Cette découverte
» m'encouragea, et comme le temps commençait
» à s'améliorer, je voulus compléter ma recon-
» naissance.

» Le sentier était bien frayé ; nous commencions
» à redescendre. Comme la pente en est encore
» plus rapide que sur le revers opposé, les naturels
» ont placé de grosses branches d'arbre en travers,
» en guise d'échelons, pour appuyer les pieds. Ces
» diverses précautions m'annonçaient une commu-
» nication assez régulière entre les deux baies. En
» outre, nous distinguions parfaitement dans la
» boue l'empreinte récente des orteils des naturels.
» En moins d'une demi-heure, nous parvînmes au
» bord d'une petite rivière près de laquelle était
» un hangar semblable à celui de l'autre côté de
» la montagne. Tout à l'entour, le sol était couvert
» de tas de coquillages de diverses espèces, surtout
» d'arches apportées par les sauvages.

» Le chemin s'effaçait à cette case ; au-delà,
» le sol était couvert de mangliers aux racines

» entrelacées, baignées par les eaux de la mer à
» marée haute. D'abord , je tentai de cheminer
» dans le lit de la rivière, mais j'en eus bientôt
» jusqu'au cou, et force me fut de renoncer à ce
» moyen. Je voulus ensuite cheminer sur les racines
» du manglier, mais deux ou trois chutes assez
» désagréables me dégoûtèrent encore de cette
» entreprise. Après une heure consacrée à ces
» essais aussi pénibles qu'infructueux, je pris le
» parti de retourner à la case avec Rolland et d'y
» attendre Williams, qui avait poussé jusqu'à la
» mer. Sa longue existence avec les peuples sau-
» vages l'avait, pour ainsi dire, formé à tous les
» exercices, et il pouvait marcher sans peine sur
» ces lacis scabreux, où je ne pouvais me sou-
» tenir qu'en chancelant. Et rôdant aux environs
» de la case, je trouvai des fragmens de pagaie,
» je recueillis quelques plantes nouvelles, et le
» soleil ayant apparu, quelques papillons aux riches
» couleurs voltigèrent çà et là, et me firent re-
» gretter d'avoir laissé mon échiquier dans le
» canot. Williams, à son retour, m'apprit qu'après
» avoir cheminé l'espace d'environ un demi mille
» sur les racines, il s'était trouvé sur le bord
» d'une petite anse, entourée de marécages, ayant
» son entrée au sud, et contenant deux petites
» îles. Du reste, le rivage ne lui avait paru nulle
» part praticable, ce qui me fit penser que les

» naturels se rendaient en pirogues à haute mer.
» jusqu'au pied de la petite case de l'isthme.
» Comme il était déjà dix heures et demie, et qu'il
» était impossible de rien tenter sans le secours
» des sauvages, je repris le chemin du canot. Sur
» la route, Rolland ramassa un jeune phalanger
» abandonné par sa mère.

» Nous fûmes de retour au canot à midi et
» demi ; je me dirigeai alors sur l'anse reconnue
» la veille par nos officiers, au sud de l'île des
» Tombeaux. Un massif de douze ou quinze coco-
» tiers entourant une petite case sur pilotis, nous
» promettait le suc rafraichissant de ses fruits et le
» moyen de nous promener un peu sous leur
» ombre, car partout où se trouvent ces arbres,
» le sol est ordinairement praticable. La mer était
» basse, il restait à peine deux pieds d'eau sur la
» vase, de sorte que nous eûmes toutes les peines
» du monde à amener le canot jusqu'à la case.
» J'eus bientôt reconnu que ce n'était guère qu'une
» grande cage en bambous, recouverte de feuilles
» de lataniers, et soutenue sur quatre piliers, à.
» quatre ou cinq pieds au-dessus du niveau de
» l'eau, comme toutes les habitations des Papous.
» Dans l'intérieur on ne trouvait que cinq foyers
» carrés, à chaque angle une petite plate -

» forme, une corbeille et quelques tripangs (*)
» desséchés.

» Nous n'eûmes ensuite rien de plus pressé que
» d'aller voir si les couteaux laissés la veille par
» M. Bérard, en place des cocos qu'il avait fait
» cueillir, avaient été enlevés par les sauvages.
» Avant d'accoster à terre, j'avais vu à travers les
» mangliers, un jeune sauvage qui semblait vou-
» loir se cacher pour épier nos mouvemens. J'avais
» fait semblant de ne pas l'apercevoir, et j'avais
« défendu aux marins d'aller de ce côté. A quel-
» ques pas de la maison, sur la place que je
» suivais pour aller à la chasse des papillons, je
» vis étendus sur le sable douze à quinze cocos
» tout frais, attachés deux à deux, et avec deux
» des couteaux laissés la veille, fichés dessus.
» Cette galanterie de la part de notre jeune invi-
» sible me parut tout-à-fait de bon goût ; elle
» annonçait des dispositions amicales. Nous en

*) Le tripang, ou biche de mer, richos do mar, est une espèce d'holo-
thuries, animaux de la classe des échinodermes, groupe des rayonnés, section
des invertébrés. Les holothuries ont un corps cylindrique, épais, mollasse,
recouvert d'une peau dure, mobile, hérissée de tubercules et de tubes mobiles
qui servent à l'animal d'organes du mouvement et d'absorption. Le corps est
ouvert aux deux bouts, à l'extrémité antérieure est la bouche, environnée
de tentacules mobiles très-compliquées. De l'autre côté est l'issue du canal
alimentaire et l'organe de la respiration.

Le tripang préparé est un aliment très-recherché à la Chine, dans la Malaisie et les îles voisines

» profitâmes ; nous ouvrîmes ces cocos, et nous
» en bûmes avec délice le suc, mes compagnons
» et moi, car il faisait une chaleur excessive, et
» nous n'avions pas même d'eau claire, pour
» étancher notre soif. Satisfait sans doute de voir
» son hospitalité accueillie, le jeune Papou s'avança
» alors vers nous, seul, sans armes, d'un air
» confiant, il vint nous donner la main en disant
» *bangous* (bon), et nous indiquant par signes
» que c'était lui, qui avait placé là les cocos à
» notre intention.

» Comme c'était le premier qui se hasardait à
» nous approcher, je lui fis beaucoup d'amitiés et
» je lui offris des pendans d'oreille et un beau
» collier. Cette libéralité, sans doute fort inattendue
» pour lui, parut avoir tout-à-fait gagné son cœur,
» et il nous fit entendre que tous les cocos étaient
» à notre service. Je permis alors aux matelots d'en
» aller cueillir, en leur recommandant de ne pas
» les gaspiller, et de bien traiter les insulaires,
» s'il en venait d'autres. J'errai une heure ou deux
» dans la forêt qui, de ce côté, est assez pratica-
» ble, et je fis une bonne récolte de beaux lépi-
» doptères (*). Surtout je me procurai plusieurs in-
» dividus du superbe papillon *Urania Orontes*, qui
» se pose sous les feuilles du manglier, à la ma-

(*) Papillons

» nière de nos phalènes (*) lichenées , et voltige
» par sauts et par bonds. Cette magnifique espèce
» abonde en ces lieux marécageux.

» Je rejoignis enfin le canot pour prendre mon
» dîner ; et ce fut avec joie que j'y trouvai dix à
» douze Papous jouant et mangeant avec nos cano-
» tiers , comme s'ils étaient d'anciennes connais-
» sances. Ils m'ont bientôt environné en me répé-
» tant : *Capitan bangous , sobat* , etc., et en me faisant
» toutes sortes d'amitiés. Ces hommes sont , en géné-
» ral , d'une petite stature, d'une complexion grêle
» et débile , sujets à la lèpre ; leurs traits ne sont
» pourtant point disgracieux , leur organe est doux ,
» leur maintien grave et poli , et même empreint
» d'une certaine mélancolie habituelle bien carac-
» térisée.

» A quatre heures , nous quittâmes cette station
» pour regagner le bord. En passant devant l'île
» des Tombeaux , je rangeai la plage de très-près ,
» mais sans faire mine de l'aborder. Cette fois ,
» l'un des naturels , s'avançant dans l'eau avec un
» gros pigeon dans les mains , me fit signe d'a-
» vancer ; nous fûmes bientôt au milieu d'eux , et
» nous examinâmes avec curiosité leur campement.
» Sur un grand foyer , rôtissait un énorme morceau

*) Papillons de nuit.

» de chair de tortue ; un petit abri en branches
» de palmier, élevé de trois pieds au-dessus du
» sol, avait été construit pour ceux qui semblaient
» les chefs de la bande, et ceux-ci étaient non-
» chalamment étendus sur des nattes, la tête ap-
» puyée sur un petit coussin en bois sculpté. Après
» avoir échangé quelques mots, je leur fis enten-
» dre, que s'ils voulaient porter à bord des vivres,
» ils recevraient en échange des objets de fabrique
» européenne : ils promirent d'y aller le jour sui-
» vant. Il était cinq heures, quand je pris congé
» d'eux, et je fus de retour à bord au coucher du
» soleil, très-satisfait de ma course. »

Au-delà du détroit de Torres, se trouve l'Australie ou Nouvelle-Hollande, la plus grande île du
globe, et la terre la plus importante de l'Endaménie. La Nouvelle-Hollande paraît être un monde
à part, qui aurait ses animaux et ses végétaux
particuliers. L'Australie, quoiqu'elle possède plusieurs florissantes colonies européennes, est à peine
connue ; toutes les tentatives pour la traverser ont
été infructueuses, ses côtes même n'ont pas été vi-
sitées sur tout leur développement. Les xanthoréa,
les casuarina au feuillage linéaire et sans ombre,
les eucalyptus composent presque seuls les forêts
des rivages, qu'habitent au milieu des Kangarous,
une race d'hommes noirs aux membres grêles et
faibles. Une chaîne de montagnes limite l'intérieur

de l'Australie, et a été long-temps une barrière infranchissable ; cependant ces montagnes sont peu élevées, mais elles forment des terrasses à pic, et des murailles sans aucun passage. Le littoral est sujet, tantôt à des pluies abondantes, tantôt à des sécheresses excessives, qui brûlent le sol et le réduisent en poussière aride. En 1813, un semblable fléau porta trois colons anglais à tenter de reconnaître le pays au-delà des montagnes bleues, et d'examiner s'il ne serait pas plus favorable que la côte pour y établir une colonie. A force de persévérance, ils se trouvèrent à l'extrémité de la chaîne, et au-dessous d'eux se développait une magnifique vallée arrosée par plusieurs sources. Bientôt, suivant leur trace, l'ingénieur Evaus arriva dans une plaine où coulent les rivières Macquarie et Lachlan. L'année suivante, une route percée à travers les montagnes lia l'intérieur aux côtes. En 1817, Oxley et Cunninghan entreprirent une excursion plus centrale, ils se trouvèrent arrêtés par des marais d'une telle étendue qu'ils ne purent songer à les traverser. Diverses expéditions semblables ont fait découvrir un assez grand nombre de rivières, mais vers la partie centrale de l'île, il semble qu'il existe une sorte de Caspienne immense, entourée de marécages et de fondrières. Quelques contrées ont paru fertiles, quoiqu'exposées comme les côtes à des pluies semblables à des déluges, suivies de sécheresses extrê-

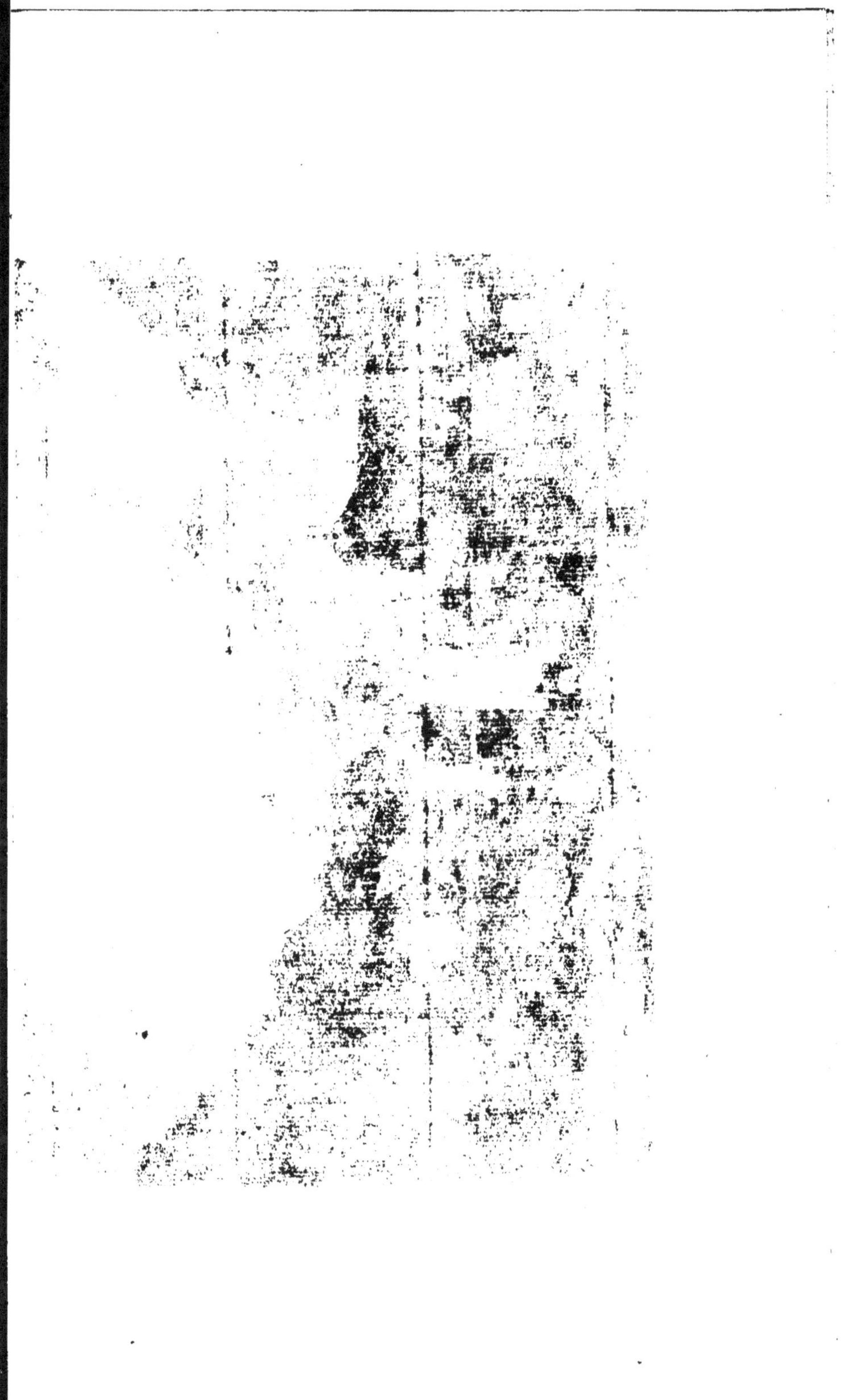

[...] une barrière
[infranchissable] ; cependant ces montagnes sont per-
[cées] [...] et forment des terrasses à pic, et
[escarp]ées sans aucun passage. Le littoral [est]
s[oumis] [tantôt] à des pluies abondantes, tantôt à des
s[écheress]es [suc]cessives, qui brûlent le sol et le ré-
du[is]e[nt] [en] poussière aride. En 1813, un semblable
[fléau] porta trois [colons] anglais à tenter de reconnaître le pays [au-de]là des montagnes bleues, et
d'examiner s'il ne serait pas plus favorable que la
côte pour y établir une colonie. À force de persévérance, ils se trouvèrent à l'extrémité de la chaîne,
[au-dess]ous [d'eu]x se développait une magnifique
vallée arrosée par plusieurs sources. Bientôt, suivant
son [cours], l'ingénieur Evans arriva dans une plaine
[où coulent] les rivières Macquarie et Lachlan. L'année suivante, une route percée à travers les monta-
[gnes] [joignit l'int]érieur aux côtes. En 1817, Oxley et
[...] entreprirent une excursion plus centrale,
[mais ils se] trouvèrent [arrêtés] par des marais d'une telle
[étendue qu'ils n]e [purent les purent les] traverser. Di-
[verse]s expéditions [se]mblables ont fait découvrir un
[grand] [nombre] de rivières, [...] la par-
[tie orientale] de l'île. [Il] semble qu'il existe une sorte
[de marais immense] [...] autour [des] marécages et
[...]. Quelques [contrées] ont paru fertiles,
[...] autour les côtes à des pluies sem-
[blables] [...] suivis de sécheresses extrê-

mes, qui changent le terrain en désert, sans ombre et sans eau. La Nouvelle-Galles du sud est surtout le théâtre de ces changemens. Tantôt un soleil brûlant, un ciel sans nuages, anéantissent la verdure ; la chute de la foudre ou l'incurie des sauvages, embrasent les végétaux desséchés. Un vaste incendie, étendant sa nappe de flammes sur un espace de plusieurs lieues, échauffe encore l'atmosphère, et la surcharge de nuages suffocans de fumée. Puis, dans cet air raréfié, vient se précipiter avec violence un air froid et humide, les nuages se condensent et tombent en bruyantes cataractes, la flamme électrique sillonne l'air et le fait retentir des roulemens multipliés de ses détonations. D'énormes grêlons se mêlent à la pluie, les rivières s'enflent et débordent, les plaines deviennent des lacs immenses que dépassent à peine le sommet des arbres ; sur ces mers improvisées, on voit nager avec grâce d'innombrables troupes de cygnes d'un noir de jais. Dès que les eaux se sont retirées, la végétation reparaît avec la force d'une jeunesse nouvelle ; et là, où était la poudre aride du désert, se déploie un riche tapis d'herbes verdoyantes.

En passant de la Polynésie dans la Papouasie, par la chaîne insulaire qui unit cette partie de l'Océanie à la grande terre de l'Australie, j'ai laissé en arrière deux îles intéressantes par leur position qui les rend antipodes de la France ; ces îles sont : Ika-na-Mawi , et Tawaï-Pounamou , que sépare le détroit de Cook ; leur ensemble , joint à plusieurs îlots , constitue la Nouvelle-Zélande. Dans ces longues îles , on retrouve encore des traces de l'action volcanique. Une chaîne de montagnes divise en deux parties l'île de Tawaï-Pounamou , les sources y sont abondantes et se précipitent en cascades d'un volume imposant. La plus belle de ses cataractes se voit à l'entrée de la baie Duski , sur la côte méridionale ; la nappe d'eau a quatre-vingt-dix pieds de largeur , elle tombe de neuf cents pieds de haut ; au quart de sa chute , un rocher qui s'avance brise ses eaux , et leur donne une étendue plus grande encore ; le liquide bouillonne , jaillit , sillonne le roc de mille filets argentés , se réunit dans un vaste bassin , s'en échappe en torrent pour se mêler aux flots amers de l'Océan. Une vapeur humide et dense couvre le bassin , elle est si pénétrante , qu'en peu d'instans elle imbibe les vêtemens. Des mousses , des fougères, de beaux phormium revêtent le rocher, et des arbres au feuillage épais jettent leur ombre sur ce frais paysage.

L'anse de l'Astrolabe , dont le nom rappelle le voyage de **M.** d'Urville , en 1827, est un hâvre sûr et tranquille, sa côte est formée de collines entrecoupées de ravins profonds, dans lesquelles coulent de petits torrens ; des cycas et des fougères en arbres , liées entre elles par des végétaux sarmenteux,

couvrent les pentes de ces ravins, et les transforment en bois touffus et ombreux ; souvent un roc
taillé en talus, interrompt le cours du ruisseau qui
se précipite en grondant, et un tronc de cycas
renversé par le temps, forme le seul pont sur lequel on puisse franchir le gouffre.

Près de la baie Miti-Anga, que le capitaine Cook
nomma Baie-Mercure, est une arche naturelle percée
dans un rocher, que le narrateur du voyage de
Cook décrit ainsi : « Après déjeûner, j'allais avec
» la pinasse et la yole, accompagné de MM. Banks
» et Solander, au côté septentrional de la baie,
» afin d'examiner le pays et deux villages fortifiés
» que nous avions reconnus de loin. Nous débar-
» quâmes près du plus petit, dont la situation
» était la plus pittoresque qu'on puisse imaginer;
» il était construit sur un rocher séparé de la
» grande terre, et environné d'eau à la haute-
» marée. Ce rocher était percé dans toute sa pro-
» fondeur par une arche qui en occupait la plus
» grande partie. Le sommet de la voûte avait plus
» de soixante pieds d'élévation perpendiculaire au-
» dessus de la surface de la mer, qui coulait à
» travers le fond, à la marée haute. Lorsque les
» les eaux se retirent, deux des côtés sont joints
» à la terre par une avenue très-escarpée, etc. »

Dans le centre d'Ika-na-Mawi est le lac Roto-
Doua, ayant vingt-cinq brasses de profondeur et

soixante milles anglais de circuit ; la petite île de Mokoia s'élève au milieu, plusieurs rivières, et une source d'eau chaude, se perdent dans ce bassin. Le volcan Pouhia-i-Wakadi, dont l'activité ne s'est pas ralentie depuis la découverte de ces îles, élève son cône au milieu de la baie de l'Abondance.

La Nouvelle-Zélande, la dernière terre importante de l'Océanie, du côté du pôle austral, est tempérée et fertile, ses forêts, dont l'abondance des eaux entretient la végétation, contiennent de magnifiques bois de construction. Les palmiers, et l'arbre à pain ne se montrent plus à cette latitude éloignée, mais d'autres végétaux les compensent, le phormium tenax, un des plus précieux pour son utilité, jouera peut-être sous peu d'années un grand rôle dans nos arts.

Arrêtons-nous un instant sur ce tableau des beautés de notre globe, et réfléchissons sur la convenance de leur distribution.......... Partout la profondeur des desseins providentiels si signale, partout éclatent la sagesse et la grandeur du divin auteur de tant de merveilles. La position du globe dans l'espace engendre les climats, afin que les productions de la terre soient plus nombreuses et plus variées, afin que l'homme trouve d'abondantes ressources pour subvenir à ses besoins.

Le pôle se surcharge de glaces ; plusieurs parties

des régions équatoriales s'étendent en mers sablonneuses et ardentes ; qui ne penserait d'abord que ce ne soit là un arrangement fautif, une inutile perte d'une vaste surface de terre habitable , cependant il n'en est rien ; le désert brûlant et le pôle glacé sont les plus puissantes des causes de l'agitation de l'air, des courans qui s'établissent dans l'Océan atmosphérique, qui portent dans les zônes tempérées, tantôt les pluies chaudes et fécondantes , tantôt les neiges non moins utiles pour fertiliser. C'est dans les régions polaires que le vent du nord prend la fraîcheur qui modère les chaleurs de l'été; dans les déserts de l'Afrique, le vent du sud se sature du calorique qui adoucit nos hivers et triomphe de l'âpreté des frimats. Que la terre se trouve tout-à-coup privée de ces deux foyers de température extrême, que la direction de son axe change et devienne perpendiculaire à l'écliptique (*), les jours et les nuits deviendront d'une durée égale pendant toute l'année, les saisons disparaîtront pour faire place à un printemps perpétuel; mais aussi une partie des races végétales et animales disparaîtront; l'air ne sera plus agité par la tempête, il deviendra le foyer pestilentiel

(*) L'écliptique est la ligne de l'orbite que décrit la terre autour du soleil son nom vient de ce que les occultations de la lune et du soleil, ou éclipses arrivent dans le plan de cet orbite.

d'une foule de maladies, la population humaine décroîtra. Tout est donc *pour le mieux* sur notre globe, et le ridicule, qu'un beau génie, malheureusement trop léger au dernier siècle, a voulu déverser sur cet axiôme, n'est que le résultat d'une ignorance frivole ou d'une insigne mauvaise foi.

Dans le continent américain, où le peu de largeur des terres méridionales ne souffrirait pas l'existence de terres basses, sans la condition pour elles d'être arides et inhabitables, la voix puissante du créateur a soulevé le terrain en vastes plateaux surmontés d'immenses montagnes dont les cîmes arrêtent et condensent les vapeurs, produisent de grands fleuves, des lacs, d'abondantes rivières. Un océan, aux bornes reculées, entoure ces plateaux, pour que l'évaporation d'une masse aqueuse considérable fournisse un aliment constant aux sources et aux courans. Cette élévation de terrain est encore une cause de température modérée sous cet équaquateur, où les rayons du soleil auraient brûlé le corps de l'homme.

En Asie, la même prévoyance divine a formé un plateau d'une grande étendue au milieu des steppes ; elle a placé les plus hautes chaînes du monde près des terres équatoriales, pour les fertiliser et les tempérer par de grands courans d'eau, par l'Indus, le Gange, le Brahmapoutra, l'Ava, etc., qui rivalisent avec les plus grands fleuves de l'Amérique.

Il y a donc sujet d'admiration, de reconnaissance dans tout ce que nous avons étudié du grand œuvre de Dieu.

CHAPITRE III.

Ce n'était pas seulement par ses discours que M. de Nerville s'efforçait d'imprimer dans l'âme de ses fils les principes de la morale et de la vertu ; toutes les actions de sa vie tendaient encore à ce but ; elles étaient autant d'applications de ses enseignemens. Les mots de charité, d'amour de nos semblables, ne s'échappaient pas stériles de sa bouche, car il ne s'occupait que du bonheur des autres, que de l'amélioration du sort des hommes qui l'entouraient. Ainsi, on le voyait visiter

fréquemment les laboureurs et les ouvriers ses
voisins ; aux uns, il parlait de la qualité de leurs
terres, des procédés de culture qu'ils employaient,
des améliorations qu'ils pouvaient faire ; ceux qui
possédaient quelque aisance, il les aidait de ses
conseils ; aux pauvres, il ouvrait sa bourse, mais
fructueusement, veillant à ce que les secours qu'il
accordait fussent employés en achats de bestiaux,
d'engrais, ou d'instrumens de labour. Aux autres,
il indiquait les perfectionnemens introduits récemment dans les arts, il leur procurait du travail en
exigeant qu'il fût exécuté avec le même soin qu'y
apportent les ouvriers des villes. Dans les jours de
repos, il enseignait au maçon, au charpentier le
dessin linéaire, le calcul, les propriétés des matériaux qu'ils emploient. Peu d'années suffirent pour
changer la face du pays, l'aisance pénétra dans
toutes les familles, les maisons s'agrandirent, devinrent aérées et salubres, on ne vit plus dans les
cours ces ignobles fumiers, foyers d'infection qui
rendent les maisons de nos paysans si repoussantes
et si malsaines. Les meubles, les ustensiles du
ménage et de la culture furent plus élégans et
plus soignés. Chacun sentit la nécessité de l'instruction, l'école se remplit d'enfans pendant le
jour, et le soir d'hommes faits qui jusque là
n'avaient pas même songé qu'il fût utile de savoir
lire. Les jeunes de Nerville s'enthousiasmaient à

la vue de tant de merveilles exécutées avec si peu de frais, par la sagesse *vraiment philanthropique* de leur père ; ils étaient profondément heureux, et leurs jouissances étaient bien autrement douces et pures que celles des passions de l'égoïsme satisfait. Le bonheur des autres, c'était actuellement leur luxe, le progrès moral et matériel qui en est inséparable, leur récompense. Qu'il y avait déjà loin, de cette population soumise à l'empire de la routine, dont les grossiers plaisirs des jours de repos, étaient l'abus du vin et des liqueurs fortes, malgré les querelles, les maladies et l'abrutissement qui en sont l'inévitable suite; et ces hommes régénérés, pleins du sentiment de leur dignité et de leur devoir, rappelés au bien, à la religion, à la pratique du juste, cherchant à éclairer leur intelligence.

C'est ainsi que l'exemple agit toujours efficacement. Et ce sera lorsque des hommes vertueux se dévoueront au milieu des populations à une semblable prédication, que les masses se moraliseront. Tous les traités et les discours sur l'amélioration du peuple, au contraire, resteront stériles, puisque ceux-là seuls qui en devraient profiter ne connaissent même pas leur existence.

Un malheureux événement suspendit pendant plusieurs jours les conversations du soir. A une lieue

du village habité par M. de Nerville, s'élevait une
petite ferme isolée. Par la négligence d'un valet de
charrue, qui entra dans une écurie, en fumant sa
pipe, le feu prit à la litière, il se communiqua
au bâtiment ; et déjà l'incendie enveloppait la maison du fermier, lorsque le tocsin arracha au som-
meil les habitans des campagnes voisines. La famille de Nerville se rendit en toute hâte, avec une
pompe qui lui appartenait, sur le lieu du désastre.
C'était un horrible tableau que celui qui frappa ses
regards. L'écurie et le grenier à fourrage situé au-
dessus, formaient une masse incadescente, d'où
s'élançaient des gerbes de flammes, tantôt rouges,
tantôt pâles, et un noir tourbillon de fumée ; les
chevaux étaient déjà réduits en cendres, on ne devait
plus songer à dompter le feu sur ce point. Toute
l'attention se porta sur la maison dont le rez-de-chaussée
ressemblait au foyer d'un volcan, les flammes dé-
voraient les portes, les châssis des fenêtres, l'escalier, les meubles intérieurs. La malheureuse famille, réfugiée dans les combles, poussait des cris de
désespoir, implorait la pitié des assistans, demandait
avec sanglots à être arrachée à la mort affreuse qui
se présentait si instante et si cruelle. Plusieurs fois on
avait dressé des échelles, mais les plus hardis reculè-
rent devant les flammes qui s'élançaient par toutes
les ouvertures inférieures comme pour les repousser.

11..

Personne n'osait s'aventurer davantage, les murs commençaient à se disjoindre, les plafonds à craquer avec un bruit qui faisait palpiter d'horreur et d'effroi. M. de Nerville dirigea toutes les pompes vers un point pour le rendre accessible ; à peine eut-il réussi à renfermer la flamme dans l'intérieur du bâtiment, qu'on vit une corde à nœuds descendre du toit au milieu de la fumée et de la vapeur ; une figure enveloppée d'un drap mouillé, se glisse, portant une femme sur ses épaules ; on applaudit ; l'inconnu touche la terre, dépose son fardeau, et remonte hardiment par la même voie. Cinq fois de suite il recommence ce voyage périlleux. Une seule personne restait encore à sauver, le fermier, qui n'avait voulu recevoir le secours qu'après avoir vu toute sa famille en sûreté. Le généreux libérateur s'élance encore vers le faîte de la maison, il se charge, non de porter l'infortuné paysan, le fardeau eût été au-dessus de ses forces, mais de le diriger et de l'aider. Suspendus dans l'espace, leur descente s'effectue lentement à cause de l'inexpérience du fermier ; ils atteignaient la hauteur du premier étage, lorsque les planchers, s'écroulant avec fracas, font jaillir par toutes les issues une trombe de flammes et de fumée qui environne la maison. Un cri d'effroi général se fait entendre, une consternation indescriptible se répand dans tous les cœurs. M. de Nerville, pâle et tremblant, ordonne de manœuvrer de nouveau les pompes ; une anxiété horrible l'étreint ; dans l'inconnu , il croit reconnaître son fils aîné. La femme et les enfans du fermier poussent des cris de désespoir, mon père ! mon mari ! ils ont péri !... Le tourbillon se dissipe, on peut distinguer les deux hommes suspendus à la corde , bientôt ils redescendent au milieu du silence le plus profond , ils touchent le sol, le fermier se précipite dans les bras de sa femme , de ses enfans, sur le sein de son sauveur inconnu , qui chancelle et tombe. M. de Nerville le saisit , l'éloigne du foyer de l'incendie , arrache en tremblant le drap qui le voile... C'est Charles ! c'est son fils ! Il est légèrement brûlé à la jambe droite ; son évanouissement ne provient que des efforts héroïques qu'il vient de faire. Bientôt il reprend ses sens , et raconte qu'ayant aperçu un arbre dont le faîte n'était éloigné d'un angle du toit que de quelques pieds , il est monté dessus , chargé de la corde à nœuds , d'une perche qui lui a servi de pont , et que , grâce à son habileté dans les exercices gymnastiques , il a pu sauver la famille infortunée.

Quelle jouissance pour le bon père ! comme il presse avec amour son fils sur son cœur.

Après plusieurs heures d'un travail opiniâtre , on réussit à sauver les murs extérieurs de la maison, les granges et les récoltes. M. de Nerville installa

chez lui les incendiés, et fit immédiatement réta-
blir les bâtimens ruinés. Ce ne fut que lorsque le
désastre eut été entièrement réparé, qu'il reprit
ainsi ses entretiens.

Des Climats.

Après avoir décrit l'habitation dans sa forme et
sa constitution matérielle, et en avoir noté les
principales beautés, je dois vous parler des êtres
qui la peuplent. Vous savez que les naturalistes les
ont considérés comme formant deux grandes divisions du règne organique (*) ou vivant, savoir :
la division des végétaux et celle des animaux. Mais
les plantes, comme les races animales, ne sont pas
disséminées indifféremment et au hasard sur le
globe, il y a des régions affectées spécialement à
certains genres et à certaines espèces ; ces régions
constituent des climats.

Sous le nom de climat physique, on comprend
la chaleur, le froid, la sécheresse, l'humidité et
la salubrité dont jouit un point quelconque du
globe. Le climat physique reconnaît huit sortes de
causes : 1° L'action du soleil sur l'atmosphère ;
2° l'élévation du sol au-dessus du niveau de l'Océan;

(* Tous les êtres matériels animés et inanimés, sont répartis en deux
règnes : l'organique, ou des êtres dont la vie est entrenue par des organes, et
l'inorganique, ou des êtres inertes des minéraux.

3° la pente du terrain et son exposition locale :
4° la position de ses montagnes relativement aux
points cardinaux ; 5° le voisinage des grandes mers
et leur situation relative ; 6° la nature du sol ;
7° le degré de culture ; 8° la direction ordinaire
des vents. Toutes ces causes, je ne les exposerai
pas *ex professo*, elles rentrent dans le domaine de la
géographie physique ; comme elles varient prodigieusement pour chaque localité, elles multiplient
considérablement le nombre des climats. Ainsi l'élévation d'un plateau sous l'équateur produira un
climat presque tempéré, là où il y aurait une température brûlante si le sol était bas. Par exemple,
sur le plateau des Cordillières, on jouit d'un
printemps presque continuel. Dans une autre zone,
une semblable élévation engendrera des neiges et
des glaces perpétuelles ; pour preuve, je citerai nos
Pyrénées, aussi élevées que le plateau de Quito, et
couvertes de neiges sous le ciel de nos départemens
méridionaux. Le voisinage de la mer adoucit la
température, ainsi les côtes de la Norwège jouissent
d'un climat moins rigoureux que celui de Paris. A
Brest, le myrte, le laurier rose et le grenadier
vivent en pleine terre.

Malgré ces variations des climats physiques locaux,
on peut diviser le globe en cinq zones ou grands
climats généraux, séparés par les tropiques et les
cercles polaires. L'équateur coupe en deux parties

égales la zone torride ou brûlante , renfermée entre les deux tropiques du cancer et du capricorne. Du tropique du cancer au cercle polaire boréal , s'étend la zone tempérée septentrionale , tandis que , dans l'hémisphère opposé , la zone tempérée méridionale se développe entre le tropique du capricorne et le cercle polaire austral. Les zones glaciales couronnent les extrémités polaires arctiques et antarctiques de l'axe de la terre.

Les climats ont exercé l'influence la plus profonde sur l'organisme des êtres qui les habitent. Ainsi , dans le climat chaud et sec du désert africain et des terres qui l'avoisinent , le manque d'eau , le sel qui imprègne le sol et les sources si peu nombreuses , la chaleur brûlante , produisent des végétaux durs , petits , à feuilles épaisses , presque sans racines , car la terre n'a pas de nourriture à leur donner , il faut qu'ils tirent de l'air leurs matériaux nutritifs ; leur racine n'est qu'une simple griffe qui les attache et les empêche d'être le jouet des vents. Les hommes et les animaux , exposés à l'action permanente de ce climat , restent petits , grêles , presque sans liquides dans leurs tissus ; mais ils sont tout muscles et tout tendons ; la fibre est sèche et résistante , le système bilieux est plus développé que les autres appareils organiques ; le caractère moral est irascible , les passions sanguinaires et féroces. Le climat chaud , mais humide , est favorable à la végétation , il produit d'admirables et gigantesques végétaux, et les animaux s'y développent parfaitement ; les reptiles surtout, qui s'y retrouvent presque dans les conditions favorables du premier âge du globe, mais l'air épais, quelquefois pestilentiel, influe défavorablement sur les facultés intellectuelles de l'homme.

Le climat froid et sec rend la végétation solide et vivace, mais peu abondante ; il la dépouille des formes gracieuses, des teintes brillantes, des odeurs suaves et parfumées du climat chaud et humide. Répandant la force sur tous les organismes, ce climat engendre également des animaux et des hommes vigoureux, il est favorable au développement de l'intelligence, ainsi que le climat tempéré.

L'action du climat froid et humide sur l'homme et l'animal, donne de l'amplitude à leurs tissus, rend leur stature élevée, leurs formes massives, mais amollit la fibre, émousse l'intelligence, ou donne à l'imagination une teinte mélancolique et sombre. Comme il n'y a pas de climats absolus sous une même zone, et que les nuances sont très-multipliées, ces nuances corrigent en partie l'action du climat sur l'organisme.

Végétaux et animaux de la zone torride.

Sous le ciel brûlant de l'équateur, les torrens de lumière versés avec tant de profusion par l'astre du jour, donnent à la végétation une majestueuse beauté, une grâce et un luxe de formes dont les autres climats ont été déshérités. La lumière et la chaleur pénètrent par tous les pores du végétal, en inondent la sève, se transforment dans ses vaisseaux en baumes suaves, en parfums délicieux, en gommes rares et précieuses.

Ces fortunées et fertiles terres intertropicales, sont la patrie des palmiers, sveltes colonnes qui supportent un élégant et mobile chapiteau, dont les courbes ont une indicible harmonie. Là, les modestes gramens des contrées tempérées se transforment en altiers géans ; le bambou porte sa tête ornée d'épis, plus haut que nos frênes et nos hêtres, de sa racine s'élancent mille jets qui s'écartent en une vaste et majestueuse gerbe. La vanille, la canelle, la muscade, le poivre, le camphre, toutes les précieuses épices, doivent la vie au soleil des tropiques ; c'est lui qui est encore le père de la canne à sucre, de la fève embaumée de moka, du theobrôme cacaoyer, de l'immense boabab,

du shéa , de l'élaïs , du pandanus aux fleurs odorantes , de l'arbre à pain , du bananier, nourriture
saine et abondante d'une partie du genre humain,
et de mille autres espèces dont la nomenclature
serait fastidieuse.

Que de beautés, quelle profusion de formes, d'espèces; quelles richesses de fleurs et de fruits; quel
chaos d'êtres végétaux dans les admirables forêts
vierges des contrées équatoriales !

Ici des groupes de troncs énormes , sortant d'une
commune racine , s'élèvent à des hauteurs prodigieuses ; leurs branches chargées de feuilles, tantôt
d'une incroyable largeur , tantôt étroites mais découpées en lobes élégans , projettent une éternelle
obscurité. Là , des arbres gigantesques recouvrent
d'une voûte ombreuse une forêt de végétaux arbo-
rescens qui croissent sous cet arbre tutélaire. D'un
côté on pénètre sous de vastes portiques qui soutiennent mille arceaux de verdure; d'un autre , un
lacis inextricable de troncs pleins de vigueur et de
débris vermoulus , de lianes, de buissons, de hautes herbes , arrêtent les pas , le feu seul pourrait
y frayer un chemin. Ces lianes sont elles-mêmes de
charmans végétaux, l'épidendrum, la vanille, le cym-
bidium , les passiflores aux fleurs si compliquées ,
les bignonia aux longues corolles tubiformes , le
bonisteria à la teinte d'or vif, le dendrobium , le
bohinia , des aristoloches dont les fleurs ont quatre

pieds de circonférence. De riches cactus, des rafflesia énormes, des géranium variés, ornent la limite de ces forêts, ou végètent sur les vieux troncs abattus par les siècles.

Dans ces retraites inaccessibles règnent de nombreuses tribus de singes, les uns plus grands et plus puissans que l'homme par leur force physique, les autres faibles, sveltes et pleins de grâces dans leurs mouvemens. Aux régions équatoriales, appartiennent les grands chats (le lion, les panthères, les tigres); le rhinocéros, l'éléphant, l'hippopotame, la girafe, le zèbre, le quagga, le buffe, le dromadaire, le lama, le tapir, les tatous, les pangolins, la plupart des marsupiaux. Les marais, les savanes humides abondent en serpens et en insectes; là rampent les énormes boas, les pythons, les crocodiles, les caïmans; sur les fleurs voltigent de magnifiques papillons; dans les airs se pressent de brillans oiseaux, des colibris, des passereaux, des loris, des aras aux vives couleurs. L'autruche et le casoar, le touyou d'Amérique parcourent les sables. Dans les eaux s'ébattent des troupes de dorades étincelantes d'or, des coryphènes, des chétodons, des poissons volans, des mollusques aux coquilles peintes de vives nuances, petits palais richement ornés de nacre et de précieuses perles fines.

Décrivons les plus remarquables de ces êtres.

Les palmiers forment une des familles principales de la classe des monocotylédonés. Ils tiennent un rang distingué dans la création végétale , par l'élégance de leurs formes , la variété de structure de leurs organes , et les services sans nombre qu'ils rendent à l'homme. Les uns sont de majestueux arbres dont la hauteur surpasse cent pieds, d'autres plus humbles , mais non moins gracieux , ont leurs feuilles assises sur le plateau qui surmonte la racine ; d'autres encore , par leur tige souple et grêle, ressemblent à de gigantesques graminées. Souvent ces beaux arbres croissent au milieu des forêts vierges , dans les endroits les plus fourrés. Partout ils sont les plus magnifiques ornemens de la végétation intertropicale.

Les espèces nombreuses de la famille des palmiers ont leurs habitations fixes , jamais on ne les voit végéter spontanément dans d'autres contrées. Dans notre hémisphère , ces plantes ne dépassent jamais le trente-cinquième degré , tandis qu'ils s'avancent jusqu'au quarantième dans l'hémisphère austral. Pour un grand nombre de peuples , le palmier est un objet de première nécessité : le dattier nourrit de ses fruits les nations du bassin méridional et occidental de la mer Méditerranée ; le cocotier , le chou palmiste sont des alimens aussi abondans que nécessaires pour les hommes de l'Inde, de l'Amérique et de l'Océan pacifique. La sagou se

tire de la moelle du *Sagus* et du *Phénix* farineux.
Le rotang produit une sorte de gomme résine connue sous le nom de sang-dragon , l'élaïs de Guinée
donne une huile délicieuse. Outre ces produits
précieux , les palmiers livrent encore à l'industrie
les fibres de leurs feuilles et de leur écorce, d'où
l'on tire un fil assez résistant , et leur sève abondante , sucrée , qui forme un vin rafraîchissant ,
et un alcool liquoreux lorsqu'on la distille.

Le borassus , haut de cent pieds , se termine par
un bouquet de feuilles plissées en éventail. Sa tige
forme la charpente d'un grand nombre de maisons
indiennes et malayes , ses feuilles en couvrent le
toit , et en outre on s'en sert comme de papier
pour écrire en y traçant les lettres avec un stylet.
Le cocotier jouit d'une célébrité universelle , bien
justement méritée.

Il y a plusieurs espèces de cocotiers , tous de
formes élégantes. Les fruits de ces palmiers sont
de volumineuses noix, remplies d'une amande blanche , savoureuse , pesant souvent plusieurs livres.
Avant la maturité de l'amande , la coque contient
une sorte de lait rafraîchissant. Le cocotier ordinaire,
originaire des Indes , est actuellement naturalisé dans
toutes les contrées équatoriales. Il joint l'élégance à
majesté ; son tronc cylindrique, d'environ un pied
et demi de diamètre , s'élève droit comme une
colonne , il est couronné par douze palmes , ou

feuilles, longues de quinze pieds, courbées en arc:
au centre est un énorme bourgeon, tendre et suc-
culent, qui porte le nom de chou palmiste, c'est
le bouton des feuilles qui succèderont à celles dont
la tige est décorée. Entre la base des feuilles et le
bourgeon, se développent les fleurs et les fruits.
Chaque noix est 'entourée d'une bourre que l'on
peut transformer en cordes et en toiles grossières.
Si l'on coupe l'extrémité des spathes ou boutons
à fleurs du cocotier, avant leur épanouissement.
on recueille un liquide très-abondant, qui fermente
en quelques heures et se transforme en souva ou
vin de palmier. Ce vin, réduit sur le feu avec un
peu de craie, devient un sucre fort bon, mais qui
cristalise confusément.

Les amandes de cocos bien mûres, soumises à
une forte pression, donnent une huile douce, très-
recherchée dans l'Inde.

L'élaïs croit en Afrique, dans la Guinée. C'est
un beau palmier dont le tronc est hérissé des
bases épineuses des pétioles (*) desséchés. Une couronne de feuilles, longue de seize pieds et demi,
le surmonte. Son fruit donne une huile très-adou-
cissante et souvoureuse.

Il y a trois espèces de palmiers sagoutiers ; le

(*) Pétiole, est e nom botanique du support ou queue des feuilles

raphia, le sagus pédunculé, et le sagus de Rumphius. Ils sont originaires de l'Afrique et de l'Asie, le raphia, transplanté dans l'Amérique tropicale, s'y est parfaitement acclimaté.

Les sagaies ou javelots des nègres sont des pétioles de feuilles de raphia, armés d'une arête pénétrante, ou d'une pointe de fer. Ces pétioles leur servent encore à construire les pallissades qui entourent les cases, et les feuilles à couvrir ces rustiques demeures. La sève du sagoutier donne un vin de palme très-agréable, pétillant comme notre vin de Champagne. Le bourgeon de ce palmier est plus agréable à manger que celui du cocotier. Quant à la substance connue dans le commerce sous le nom de Sagou, elle s'extrait du corps de l'arbre de la manière suivante : on fend le tronc du palmier dans toute sa longueur; on écrase la partie intérieure qui est pleine d'une moelle pulpeuse, et on dépose la moelle, à mesure qu'elle se détache, dans des cônes d'écorce dont l'interstice des fibres est écartée de manière à former un un tamis. On délaie ensuite la moelle dans l'eau, la fécule s'échappe, se dépose au fond du vase, et lorsqu'elle est accumulée en quantité suffisante, on fait égoutter l'eau, puis on presse la fécule dans un linge et on l'expose au soleil pour la faire sécher. La fécule du sagou prend par la dessication la forme de petits grains. Cuite dans un liquide quelconque, cette fécule se dissout en une gelée, qui est un aliment aussi sain que léger. Le meilleur sagou provient des îles Moluques.

Le baobab est une des merveilles de la végétation équatoriale. Il appartient à la famille des bombacées du botaniste Kuntz. L'infatigable naturaliste Adanson est le premier qui ait fait connaître le baobab. Cet arbre vit en Afrique, il affectionne les terrains sablonneux et arides ; rarement son tronc atteint plus de quinze pieds de hauteur, mais il acquiert l'énorme volume de quatre-vingts à cent pieds de circonférence, il se divise en branches d'une prodigieuse grosseur, longues de soixante à soixante-dix pieds, dont l'ensemble figure un bouquet d'arbres de haute futaie placés sur un vaste piédestal. Les plus extérieures de ces branches s'inclinent souvent jusqu'à terre, en sorte que la masse du baobab semble être une grotte de verdure. Les racines s'enfoncent perpendiculairement dans le sol, et ne sont pas moins prodigieuses dans leur développement que la partie aérienne de cette monstrueuse plante. Les feuilles sont divisées en folioles ovales ; les fleurs, supportées par des pédoncules longs d'un pied, ont une dimension assez considérable, elles produisent un fruit acide dont les nègres font une sorte de limonade agréable. Ces mêmes fruits, lorsqu'ils commencent à se gâter, servent de savon en

Afrique. Adanson, d'après des observations sur la croissance de cet arbre, avait affirmé que sa durée devait être de plusieurs milliers de siècles, sa conjecture a été vérifiée par des Anglais qui ont compté six mille cercles ligneux sur le tronc de plusieurs de ces géants végétaux. Comme il se forme une couche ligneuse chaque année, on voit que six mille ans ont été nécessaires aux baobabs pour atteindre à leur complet déloppement.

Le bambou est un végétal aussi singulier qu'élégant, ses caractères organiques forcent de le classer parmi les herbes tendres que notre pied foule sur le vert tapis de nos prairies; cependant il égale nos arbres en hauteur. Le bois des bambous est d'une extrême solidité, il est employé à maints usages divers. Les gros troncs fournissent une charpente très-solide qui résiste parfaitement aux convulsions des tremblemens de terre; sciés entre les nœuds, ils donnent des barils d'une seule pièce. Les jets nouveaux font des cannes, des hampes de javelots, d'autres plus anciens servent à faire des bois de lance, des palissades, de treillis, des meubles. Avec l'écorce, plusieurs peuples tressent de corbeilles charmantes. Le port du bambou est admirable, une multitude de jets dont plusieurs ont trois pieds de diamètre se groupent en sortant d'une racine commune, de manière à représenter à quelque distance un énorme tronc; à vingt pieds

de hauteur, les jets extérieurs courbent gracieusement leurs feuilles; on dirait le bord élégant d'un
beau vase du centre duquel jaillit une magnifique
gerbe produite par les feuilles des jets du centre.

La silice qui est très-abondante dans le bambou
donne à son bois une grande solidité, cette matière
se concrétionne quelquefois entre les nœuds; c'est
la pierre *tabaxir*, célèbre en Asie par les propriétés
merveilleuses qu'on lui attribue.

Les bambous ne fleurissent que dans leur jeunesse, on ne voit jamais les individus vigoureux
se couvrir d'épis. Les feuilles sont du plus beau
vert et très-mobiles, ce qui les fait ressembler à
une immense panache flottant, lorsque les vents
les agitent. Il y a un assez grand nombre d'espèces
de bambous. Le nastus, ou calumet des hauts,
croît à Madagascar, sur les montagnes, à six cents
toises au-dessus du niveau de l'Océan.

Les Guada habitent les régions chaudes et tempérées de l'Amérique méridionale, et principalement
les Andes de la Nouvelle-Grenade et de Quito, à
une hauteur qui ne dépasse pas quatre cents mètres
au-dessus du niveau de l'Océan.

Le Beesha végète dans l'Inde et sur la côte de
Coromandel, il fournit aux Indiens des instrumens
pour écrire, et des pinceaux aux Chinois.

Le Chusque grimpe comme une liane autour du tronc des arbres.

Ce Sammat est le plus grand du genre, il a quelquefois jusqu'à cent pieds de hauteur, et dix-huit pouces de diamètre à la base; creux comme tous les graminées, on en fait des vases et quelquefois des barques d'une seule pièce.

Le bambou Illy s'élève à soixante pieds, il est plus volumineux de tige que le sammat.

Le Télin pousse dans les régions chaudes et humides de l'Asie; on l'emploie en meubles et constructions légères; ses jeunes pousses se mangent comme celles de l'asperge.

L'Ampel fournit des leviers, des échelles, des arrosoirs. Avec le Tcho, les Chinois font un papier sur lequel les peintres aiment à exercer leur talent.

Le Téba épineux donne de solides palissades que le fer ne peut entamer.

Les Bananiers, nommés plantins par un grand nombre de voyageurs, appartiennent à la famille des muscacées. La chaleur constante qu'exige la végétation de ces belles et non moins utiles plantes, les confine dans la zone chaude ou dans ses limites les plus voisines ; ainsi on en voit à Séville, en Andalousie , à Malaga et dans l'île de Madère. Aucun végétal n'est aussi productif que le bananier. Humboldt évalue qu'un terrain de cent mètres carrés, dans lequel on aurait planté quarante touffes de bananiers, rapporterait dans un an quatre mille livres d'aliment en pesanteur ; un même terrain semé de froment ne donnerait guère que de trente à quarante livres pesant. Le produit des bananes est donc à celui du blé, comme cent trente-trois est à un, et par rapport à la pomme de terre, comme quarante-quatre à un. Les bananiers se distinguent par l'élégance de leur port ; leurs racines se composent d'un grand nombre de fibres cylindriques, longues, surmontées d'un bulbe qui sert de tige, d'où s'élèvent les pétioles des feuilles, engaînés les uns dans les autres. Chaque feuille a plusieurs pieds de surface, son milieu est formé par une grande nervure d'où sortent des nervures secondaires, horizontales et parallèles entre elles. Du centre des pétioles naît la hampe qui supporte de très-grandes fleurs. Une grappe de fruits jaunâtres, longs chacun de sept à huit pouces, succède à la fleur, cette grappe porte le nom de régime, elle est d'un volume énorme. On connaît douze espèces de bananiers, dont les principales sont connues sous le nom de Bananier du Paradis et de Bananier des Sages. Le premier végète en Afrique et dans l'Inde, sa racine est vivace, mais les feuilles périssent après la maturité des fruits. Les lieux bas et humides sont favorables à sa végétation , là il acquiert jusqu'à douze pieds d'élévation. Le bananier des Sages est commun aux trois continens de l'Asie , de l'Afrique et de l'Amérique ; il se distingue de l'espèce précédente par ses feuilles plus aiguës, ses fruits plus petits mais succulens et sucrés. La saveur de la banane peut-être comparée à celle d'un mélange de beurre, de fécule et de sucre. Les bananes se mangent crues ou cuites. Aux Antilles, en Afrique et dans l'Inde, elles forment la base des alimens des nègres et du peuple ; on en retire une liqueur agréable lorsqu'elle vient d'être préparée, mais qui s'aigrit et fermente promptement. En écrasant des bananes bien mûres et les faisant passer au travers d'un tamis pour en retirer la partie fibreuse, on obtient une pâte avec laquelle on prépare un pain fort nourrissant. Cette pâte, presque entièrement composée de fécule peut, lorsqu'elle est sèche, se conserver long-temps.

Les fibres des pétioles des feuilles sont dures et résistantes ; on les emploie pour faire des cordages ou des fils avec lesquels on fabrique différentes sortes d'étoffes. La jeune pousse du bananier peut être mangée cuite ; enfin, les feuilles servent à couvrir les toits des cases, et s'utilisent encore comme ustensiles de ménage.

Le Ravenale ou arbre du voyageur, ressemble

beaucoup au bananier ; les botanistes le rangent dans le genre Uranie. Cette magnifique plante . originaire de l'ile de Madagascar, a un tronc droit. qui ressemble à celui des palmiers , formé par la base des pétioles des feuilles qui se détachent annuellement. Le sommet est garni d'un éventail de feuilles longues de dix-huit à vingt pieds , larges de quatre dans leur milieu , organisées comme celles du bananier. Le ravenale produit plusieurs régimes de fruits. Chaque fruit est une sorte de capsule ou boîte contenant des graines ovales, noires , enveloppées d'une pellicule azurée. Les Madécasses en tirent une farine qu'ils délayent dans du lait, et de la pellicule une huile fort douce. L'Uranie ravenale est d'un grand secours aux Madécasses lorsqu'ils parcourent l'intérieur de leur île. La chaleur du climat cause une soif ardente, et l'eau des marais, ainsi que celle des nombreux étangs, est malsaine ; pour se désaltérer, les nègres coupent une feuille de ravenale. lui donnent la forme d'une coupe, puis, au moyen d'une entaille pratiquée dans le tronc, ils recueillent une eau limpide et douce, toujours fraîche. qu'ils savourent avec sensualité ; cette eau est la sève abondante de l'arbre précieux. Un magnifique ravenale a long-temps fait à Paris l'ornement des belles serres de M. Boursault ; je lui ai vu des feuilles de vingt pieds de longueur.

L'arbre à pain, si célèbre par les récits de Cook, de Bougainville et des autres circum-navigateurs, est nommé Jaquier par les botanistes, qui le classent dans la famille des orties, section des artocarpées. Il y a plusieurs espèces de jacquiers répandues dans les régions intertropicales; quelques-unes sont arborescentes, d'autres s'élèvent jusqu'à quatre-vingts pieds. Les fruits de ces végétaux ressemblent à ceux du mûrier, mais avec un volume considérable; plusieurs d'entre eux se soudent ordinairement ensemble. L'espèce la plus utile est le jaquier à feuilles découpées, rima, ou arbre à pain d'O'Taïti. C'est un arbre, dont le tronc, de la grosseur du corps d'un homme, acquiert, une hauteur de quarante à cinquante pieds. Son bois est mou, tendre et léger. Toutes ses parties, lorsqu'on les entame, laissent échapper un suc blanc, laiteux, visqueux, semblable à celui des figuiers. Les fruits de cette espèce sont du volume de la tête d'un homme, leur surface est raboteuse et couverte de saillies verdâtres. Leur pulpe est blanche, farineuse, jaunâtre lors de la maturité. Le jaquier à feuilles découpées est originaire de la côte de Malabar et des archipels de l'Océanie. Il croît aujourd'hui à Cayenne et aux Antilles où on l'a naturalisé. Cuits au four, les fruits du jaquier ont une saveur qui rappelle à la fois le pain de de froment et la pomme de terre. Les insulaires de la mer du Sud s'en nourrissent pendant huit mois de l'année. Trois arbres suffisent pour la consommation d'un homme. L'écorce intérieure de l'arbre fournit des fibres susceptibles d'être converties en étoffes.

Le jaquier hétérophyle a des fruits si volumineux qu'un homme peut à peine les soulever, ils contiennent des amandes qui ont la forme et le goût de la châtaigne.

Le jaquier des Indes est cultivé aux îles Maurice et Bourbon, son fruit est peu agréable.

Le jaquier velu est le plus grand du genre; son bois sert à la menuiserie et aux constructions de pirogues. D'un seul tronc, les Océaniens tirent quelquefois des embarcations de quatre-vingts pieds de longueur et d'une seule pièce.

Le café est le fruit d'un arbrisseau de l'Arabie heureuse, il croît surtout dans la province de l'Yemama, près de la ville de Moka. Le caféyer appartient à la famille naturelle des rubiacées ou garances; son tronc s'élève à une hauteur de quinze à vingt pieds, et se divise en branches opposées, noueuses, un peu grisâtres; ses feuilles conservent toujours une verdure agréable. Les fleurs du caféyer sont blanches et répandent une odeur semblable à celle du jasmin d'Espagne, elles produisent une sorte de cerise d'un rouge noir à l'époque de la maturité, dont la pulpe entoure deux noyaux qui contiennent deux graines cartilagineuses, plates et marquées d'un sillon par le côté de leur contact, convexe de l'autre, et enveloppées d'une arille ou membrane très-mince. Le caféyer a eté introduit dans nos colonies américaines, où sa culture prospère. Les terrains les plus convenables au caféyer sont ceux des mornes peu arrosés par les pluies, et placés sur les pentes inférieures. Pour qu'une plantation réussisse bien, on doit lui choisir une position où la température ne varie que depuis le degré dix au-dessus de zéro, jusqu'au degré vingt-cinq du thermomètre de Réaumur. Quatre ans après avoir été plantés, les caféyers commencent à donner leur première récolte; ils fleurissent deux fois au printemps et à l'automne, les fruits mûrissent en quatre mois.

On sépare les graines du café de leur pulpe par trois procédés différens. Tantôt on les expose au soleil en ayant soin de les retourner fréquemment. Tantôt on les laisse macérer pendant un jour ou deux dans l'eau avant de les chauffer au soleil; le café ainsi préparé prend le nom de café trempé. Le dernier procédé, qui est le meilleur, consiste à faire passer les cerises par la grage, sorte de moulin qui enlève la pulpe et laisse les graines enveloppées dans leur arille. Le café gragé est préférable à celui qui a été préparé différemment.

Les poivriers sont des plantes tantôt herbacées,
tantôt ligneuses et grimpantes, tantôt même arborescentes, qui forment la famille naturelle des pipé-
racées. Leur fruit, épice brûlante et recherchée,
est un péricarpe mince, contenant une seule graine
ronde. On connaît plusieurs espèces de ces végétaux. Le poivrier noir, natif de l'Inde, est cultivé
à Java, à Bornéo, à Soumâthra et à Malacca. Les
graines, revêtues de leur enveloppe, sont jaunes
et connues dans le commerce sous le nom de
poivre blanc; dépouillées, elles sont appelées poivre
noir. Le poivrier cubèbe est originaire des mêmes
contrées, il est sarmenteux et employé comme
médicament. Le poivrier bétel est d'un usage
général dans l'Inde, l'Indo-Chine et la Malaisie, où
on mâche ses feuilles mêlées à de la poudre de
noix de palmier areka et à un peu de chaux vive.
Les fruits du poivrier long servent d'assaisonnement.

Je ne vous parlerai pas du camphrier et du
cannellier, magnifiques plantes du genre laurier,
originaires : le premier, de l'Indo-Chine et du Japon;
le second, de Ceylan; je finis par l'historique des
oupas, poisons horribles, et du rafflesia, géant
des fleurs.

Il y a peu de végétaux sur lesquels on ait écrit
autant de fables extraordinaires et terribles, que
le bohon-oupas, nom malais qui veut dire arbre

à poison. Ces fables ont pour sources, la relation fantastique de Foërsch, chirurgien hollandais, qui écrivit sur l'Upas en 1783, et les récits des soldats de la même nation, qui ont une frayeur désordonnée du kriss empoisonné des Malais. Il n'y a pas à Java une seule espèce de bohon-oupas, mais plusieurs. L'antiar, l'une d'elles, appartient au genre antiaris. C'est un arbre dont la tige s'élève jusqu'à quatre-vingts pieds de hauteur, elle est parfaitement droite. Si l'on fait une incision à l'écorce, il en sort un liquide âcre, jaunâtre, qui produit sur la peau une éruption suivie d'inflammation. Le bohon-tieuté est une espèce de strychnos, mais différente par son port de l'antiar; arbrisseau sarmenteux et rampant, il végète à l'ombre.

L'île Compagny, vers la côte septentrionale de la Nouvelle-Hollande, produit un antiar surnommé Macrophylla (à grandes feuilles), dont le suc est également vénéneux. La liqueur extraite des oupas, mélangée à d'autres substances, sert à tremper l'extrémité des kriss ou poignards malais, et la pointe de petites flèches qui se lancent avec une sarbacane. On a vu un chien expirer dans d'horribles convulsions une heure après avoir été frappé par une de ces armes fatales; une souris blessée meurt en dix minutes, un singe en sept, un buffle énorme en une heure et demie.

La rafflesia est bien le végétal le plus singulier que produise la nature, c'est une fleur de huit pieds neufs pouces de circonférence, pesant quinze livres, dont la cavité peut contenir douze pintes de liquide. Ce géant des fleurs n'a pas de tige non plus que de feuilles, mais une simple racine parasite qui se développe sur le tronc du cissus à feuilles étroites. Il s'exhale de ce végétal bizarre, une odeur cadavéreuse, repoussante, qui attire des essaims de mouches. A Soumâthra, on nomme le rafflesia, Krouboul, c'est-à-dire grande fleur. Le docteur Blum a trouvé une seconde espèce du même genre, qu'il nomme le rafflesia patma, dont le diamètre n'est que de deux pieds.

De tous les animaux de la zone équatoriale, les plus singuliers sont les singes, et parmi ceux-ci l'orang ou pongo, qui peut-être en sera bientôt détaché pour former un ordre à part. Cet animal, dont notre illustre naturaliste *Geoffroi-Saint-Hilaire,* disait, il y a peu de temps, est-ce un singe, est-ce un homme ? est nommé par les Malais orang-outang, ou homme des bois. Ainsi ces peuples tranchent la question, et n'hésitent pas à l'admettre au nombre des familles humaines. Sans être aussi hardi qu'eux, je pense que l'orang est l'anneau qui unit l'homme à la brute. Être placé sur la limite de l'animalité simple, et de l'organisme animal associé à une intelligence, l'orang a été doué d'un souffle animateur qui est plus noble que celui qui produit l'instinct, mais moins, beaucoup moins parfait que la raison sublime départie au genre humain. Le nombre des espèces d'orang n'est pas encore bien limité ; plusieurs naturalistes ont décrit des êtres, les uns sous le nom d'orang, les autres sous celui de pongo, qui peut-être formeront plus d'un genre. Parmi ces animaux l'orang-roux est celui qu'on a eu l'occasion d'observer le plus fréquemment, un jeune individu existe actuellement à la ménagerie du muséum d'Histoire naturelle de Paris, où il excite vivement la curiosité. M. de Rienzi, que je vous ai déjà cité, a possédé un ourang-roux, et ce qu'il en raconte est si intéressant que je vais vous le répéter : « L'angle facial de l'orang, dit-il, est de » soixante à soixante-cinq degrés, c'est-à-dire un » peu inférieur à celui des Endamènes, des Austra- » liens, et des Hottentots-Boschimens. J'ai possédé » un véritable orang-roux, environ trois mois ; il » avait été rencontré au sud de la baie de Maladou » (île de Bornéo), et pris dans une trappe d'où on » l'avait tiré et amené à bord. Je l'avais acheté » 10 mattas ou environ 40 francs. Il avait le nez » large et plat, les yeux petits, enfoncés, la mâ- » choire inférieure très-avancée, les oreilles élevées, » le front déprimé et les os de joues semblables à » ceux des Mongols ; les dents grandes et fortes, » offrant quelque ressemblance avec celles du lion,

» la bouche très-large et couleur de chair, le
» visage grisâtre ; la poitrine carrée, la face lon-
» gue et blême, un très-gros ventre, de longs
» bras qui dépassaient ses mollets. Il était à peine
» adulte, et cependant sa taille était de quatre pieds
» de hauteur ; il se tenait habituellement accroupi,
» la tête penchée sur la poitrine. Son corps était
» couvert d'un pelage roux fauve, assez long, ex-
» cepté à l'intérieur des mains, au ventre, au visage,
» aux oreilles et au sommet de la tête qui était un
» peu chauve.

» Il avait été vu dans les bois avec d'autres
» orangs, marchant fièrement armé d'une espèce
» de bâton, contre les Dayas (*). A bord, il mar-
» chait en s'appuyant à droite et à gauche à une
» cloison, à un meuble, aux bastingages, aux mâts
» ou au cabestan du navire, et il grimpait lestement
» sur les vergues et dans les haubans.

» L'orang-roux diffère beaucoup des singes ; Bagous
» c'est le nom que j'avais donné au mien (**),
» n'avait ni l'irréflexion du macaque, ni la férocité
» du babouin, ni la malice, le caractère hargneux
» et les grimaces de la guenon, ni la pétulance du
» magot, ni la malpropreté du sagouin ; il n'avait

(*) Peuple de Bornéo.
(**) Bagous veut dire gentil en Malayou.

» guère des nombreuses espèces de singes que la
» faculté imitative.

» Un Biadjou m'a dit que les orangs savent allu-
» mer du feu : mais ce qui est certain, c'est qu'ils
» savent se construire des cabanes qui leur servent
» d'habitations ; qu'ils savent ramasser des crabes,
» des mollusques au bord de la mer, casser des
» moules sur un rocher, jeter des cailloux dans
» les tridacnes (*) entr'ouverts pour les empêcher de
» se refermer, et arracher ensuite l'animal sans dan-
» ger, et que l'amour de ces êtres pour leurs petits
» est vraiment admirable.

» Bagous était docile, imitateur intelligent, affec-
» tueux envers moi et envers mon domestique qui
» le soignait. Son humeur était douce, sa physiono-
» mie portait l'empreinte de la mélancolie. L'orang
» est tellement brave et fort dans ses forêts, qu'il
» défie plusieurs hommes et les terrasse ; mais il
» s'assouplit facilement à notre éducation. J'avais
» dressé le mien, sans peine, à plusieurs usages
» domestiques, et ses habitudes étaient naturellement
» propres.

» Bagous mangeait volontiers du lait, des légu-
» mes, du riz, des fruits, du miel, du poisson et
» de la viande. Il buvait beaucoup de thé, et il

(*) Grands coquillages.

» était excessivement friand de confitures chinoises
» et de sucreries. J'en mettais quelquefois dans mes
» poches, et il ne tardait pas à me les voler. Il
» savait déboucher une bouteille, porter mon kar-
» pous ou bonnet malais et mon turban, fermait et
» ouvrait ma porte, faisait son lit, et comme il
» était très-frileux il s'affublait de couvertures et de
» nattes, au point d'en suer. Un jour qu'il avait
» mal à la tête, il la serra spontanément avec mon
» schall et se coucha.

» Mon orang me servait à table ; il paraissait fier
» et satisfait quand je le faisais dîner avec moi ou
» fumer dans mon houka, et il buvait volontiers
» un verre de vin de Porto à ma santé. Alors il
» ressemblait assez par les manières et par la taille,
» à un petit Eudamène de la Nouvelle-Guinée, de
» l'âge de quinze à seize ans, qui aurait été
» muet.

» L'intéressant Bagous n'avait qu'un défaut, celui
» d'être un peu voleur ; mais il savait le faire ou-
» blier par d'excellentes qualités. D'ailleurs, devais-
» je exiger d'un orang-houtan qu'il connût le droit
» de propriété, si peu respecté par un grand nom-
» bre d'hommes civilisés ? Un autre désagrément que
» j'avais encore à supporter de lui, quoiqu'il fût
» indépendant de son caractère, c'est que toutes
» les fois qu'il voulait m'exprimer sa joie, il fai-
» sait entendre un grognement rauque et précipité

» comme le claquement d'un fouet, en alongeant
» et haussant à la fois la mâchoire inférieure et la
» remuant avec vivacité. Ce grognement insipide et
» désagréable me désenchantait, malgré moi, de
» l'intérêt que je lui portais, à cause de sa gen-
» tillesse et de son bon naturel. J'eus le malheur de
» le perdre à bord. Tout l'équipage le regretta, et
» moi, je le regretterai toujours. »

En voyant la physionomie expressive et mobile des orangs-outangs, l'intelligence et l'adresse avec laquelle ils exécutent tout ce qu'on leur apprend à faire, on ne peut s'empêcher de les ranger hors de là classe des simples animaux instinctifs ; il n'est donc pas étonnant que plusieurs peuples pensent que ces êtres sout de véritables hommes. M. Klaproth, dans ses recherches curieuses sur l'Asie, rapporte qu'un grand-prêtre de Boudha envoya des mis-sionnaires pour convertir une peuplade d'orangs à sa croyance.

Le mutisme de ces animaux provient de la struc-ture de l'organe de la voix ; s'il eût été conforme comme celui de l'homme, il n'y a pas à douter que les orangs n'eussent pu rendre leurs idées par des sons articulés.

Je ne m'arrêterai pas sur les autres animaux mammifères de la zone torride ; éléphant, chameau, grands carnassiers, nous sont trop familiers pour qu'il soit nécessaire d'en parler. Parmi les oiseaux, tous arrêteraient notre attention , soit par leurs chants, soit par l'éclat brillant de leur plumage ou quelque forme singuliere. Dans la classe des reptiles , nous serions frappés principalement par la masse énorme des boas et des pythons.

Les boas atteignent jusqu'à trente et quarante pieds de longueur ; ils sont remarquables par la faculté qu'ils possèdent de dilater outre-mesure leurs mâchoires et leur gosier. Dépourvus de venin , ces immenses reptiles n'en sont pas moins redoutables par leur force et leur agilité. Ont-ils confiance dans la puissance de leurs muscles , ils s'élancent sur la victime qu'ils convoitent et l'attaquent ouvertement. Redoutent-ils les chances du combat , ils se mettent à l'affût , tantôt tapis sous de longues herbes , tantôt suspendus à la cîme d'un arbre touffu ou caché entre les joncs et les roseaux du bord d'une source ; lorsque l'instant propice est venu , ils se précipitent rapides comme la foudre , enlacent leur proie dans mille tortuenx replis , l'étreignent , l'é-crasent , broyent ses os , et après avoir épié la dernière convulsion de l'agonie , ils enduisent la masse informe de chair d'une salive visqueuse et fétide , distendent progressivement leurs mâchoires , puis l'engloutissent lentement. Une partie du cada-vre de la victime est digérée par le travail de l'estomac , que le reste décomposé , exhalant une odeur infecte , n'est pas encore entré dans la gueule du monstre. Des cerfs, des gazelles, des buffles, sont ainsi dévorés. Surpris pendant cette pénible et laborieuse digestion, les boas restent immobiles, sans défense, il est facile de leur donner la mort. Les naturalistes admettent plusieurs espèces de boas. Le constricteur ou devin habite les régions chaudes de l'Amérique, les Guyanes, le Brésil, le Mexique. Le boa géant vit à Cayenne ; l'aboma habite Surinam ; le scytale toutes les contrées chaudes du Nouveau-Monde ; la broderie se trouve aux mêmes lieux, et le boa mangeur de chiens, au Brésil.

Les pythons sont d'immenses couleuvres de la zone torride de l'ancien continent ; comme les boas d'Amérique, ils parviennent à une longueur de trente à quarante pieds. Le python améthiste ou grande couleuvre des îles de la Sonde, se trouve à Java, à Soumâthra et à Bornéo. Enroulé au sommet d'un arbre ou autour d'un tronc, caché par des broussailles, le python épie le passage de sa proie ; en découvre-t-il une à sa portée, il s'élance avec tant de promptitude que la fuite est impossible ; semblable à l'hydre de Laocoon, il étouffe sa victime dans les nombreux orbes que décrit son corps gigantesque, puis il l'engloutit comme le font les boas. Nul animal, pas même le tigre, ne peut se soustraire aux étreintes de cette couleuvre monstrueuse, qui rend l'abord des forêts si dangereux. Les pythons de l'Afrique ne sont connus que par des relations vagues, mais ce qu'on en sait prouve qu'ils ne sont ni moins volumineux, ni moins terribles que les pythons de l'Asie.

Terminons cette esquisse du règne organique de la zone torride, par une classification des animaux et des végétaux, selon l'ordre des contrées qu'ils habitent.

Je commence par l'Afrique.

La Sénégambie et le Sénégal, situé à peu de distance de la limite du Saharah et près du tropique du cancer, contrées dont la température s'élève jusqu'à trente-six et quarante-quatre degrés, ont une admirable et forte végétation. Là, se développent l'immense baobab, les cocotiers, les mangliers, le palmier élaïs, les bananiers, plusieurs espèces de robinia, un arbre encore innommé par les botanistes, qui ressemble au tulipier d'Amérique ; l'avicennia dont le port rappelle celui du cèdre, le poivre malaguette, le piment, le gingembre, le cotonier, l'indigo, l'ébénier, l'acajou, une quantité d'arbres dont les bois fournissent d'excellente teinture ; ceux qui produisent la gomme arabique, la gomme gayac, le copal, le suc d'euphorbe, le sang-dragon. Les plantes alimentaires de ces deux pays sont : le sorghum, le durra, le holcus bicolor, le riz, qui font partie de la famille des graminées. L'igname, le manioc, le dolique ligneux, le délicieux ananas, une variété prodigieuse de melons et de courges. Le tabac s'y trouve aussi en abondance. Parmi les fleurs on remarque les aloës, la balsamine, la glorieuse superbe, les tubéreuses, les lys, les amaranthes.

Les animaux qui peuplent cette contrée, sont : l'éléphant, les gazelles, l'hippopotame, le lion, la panthère, le léopard, l'hyène, le chacal, le zèbre, la girafe ; parmi les singes, le jocko ou orang noir, le mandril, le dril, le magot, le chacma, les macaques, les guenons hamadryade, diane, moustac, blanc nez, callitriche, les makis galago ; le potos, la civette zibeth, le sanglier d'Ethiopie, le bœuf, le buffle, le mouton, la chèvre.

Les basses-cours des nègres renferment, outre nos volailles d'Europe, l'oiseau trompette, l'oie armée, l'oie d'Egypte, la pintade.

Dans les forêts, on remarque le magnifique héron-aigrette, des légions de perroquets, le vautour, quelques aigles, des essaims d'oiseaux du plus joli plumage.

Le python d'Afrique, le crocodile, les caméléons, une multitude de lézards se distinguent parmi les reptiles. Les insectes sont aussi nombreux que variés. Les termites et les abeilles surtout abondent.

Dans la Nigritie ou Afrique centrale, on retrouve les animaux et les végétaux de la Sénégambie, et en outre, parmi les plantes, le tamarin, le sycomore. le nebeck, le dattier, le blé, le millet. Les forêts humides abritent des rhinocéros.

Dans l'empire du Bournou, il existe une quantité de végétaux qui n'ont pas encore été décrits. Les Arabes affirment que les forêts sont peuplées de singes plus grands que l'homme ; que les lions et les hippopotames y pullulent- Le lion y aurait pour ennemi un chat plus grand et plus fort que lui, nommé kmilodan ; cet animal nous est inconnu. Il y aurait encore dans le Bournou un oiseau matzakweh, dont le plumage admirable éclipse les nuances les plus brillantes des autres oiseaux, et l'adgunon, qui se rapproche de l'autruche par la taille.

Rien n'égale les richesses végétales du Congo : les pelouses s'y émaillent de mille fleurs, les champs et les forêts sont parsemés de lys plus éclatans que la neige, de tulipes aux vives couleurs, de tubéreuses, de jacinthes, de rosiers et de jasmins. Les grains alimentaires y sont nombreux. Toutes les plantes potagères d'Europe abondent dans les jardins. Les végétaux particuliers à ce pays sont : l'ouvando, arbre qui donne des pois excellens, le msanguy, plante grimpante dont le fruit ressemble a nos lentilles par la forme et le goût ; le neubazam.

qui produit une sorte de noisette; l'inquoffo, espèce de poivre; le dondo, aromatique comme la cannelle; le mamao, arbuste dont le fruit ressemble à une courge; le citronnier mololo; l'oranger nambrocha, l'oranger gegero, le colleva; le sandal chigongo, des cèdres, l'insanda, arbre toujours vert, dont l'écorce sert à la confection d'étoffes très-estimées; le mulemba, qui a les mêmes usages, le liquieri et le campanano, dont on retire de l'huile; les palmiers lataniers, matome, et le cocotier matoba.

Sur les côtes, on voit nager des troupes de lamentins, de dauphins et de requins. Dans les rivières, les crocodiles pullulent, ainsi que les lézards sur terre et les caméléons sur les arbres. Les pythons, l'amphisbène, le naraba, les n'harabi et lenta, infestent les savanes et le bord des eaux.

Pour les mammifères, ce sont les mêmes que ceux des contrées voisines. Parmi les oiseaux, on remarque l'autruche, le paon, les perdrix rouges et grises, la caille, le faisan, la grive, les veuves, le cardinal, le coucou-indicateur grand amateur de miel, qui célèbre par ses chants la découverte qu'il vient de faire d'une ruche d'abeilles sauvages; chant de victoire qui attire l'homme et cause à l'oiseau la perte de son butin. Les perroquets, les tourterelles, les pigeons sont nombreux et variés au Congo.

Les beautés végétales ont été répandues au Cap avec profusion, je ne m'y arrêterai pas, vous en ayant déjà parlé avec détail dans un de nos précédens entretiens.

Les lions, les gazelles, les chacals, les chats-tigres, les hyènes, les zèbres, les quaggas, les éléphans, les rhinocéros à deux cornes, peuplent les terres désertes des environs du Cap de Bonne-Espérance et du pays des Hottentots, on y trouve par troupes le féroce buffle de la Cafrerie ; l'oryctérope ou fourmilier d'Afrique est particulier à ce point de globe, de même que plusieurs chrysochlores, animaux semblables à nos taupes.

L'autruche, les vautours, le secrétaire, les flammingos, les loxias, qui déploient tant d'art dans la construction de leurs nids, sont les plus remarquables des oiseaux de la pointe méridionale de l'Afrique.

Sur la côte d'Aden, croissent mille arbustes aromatiques aux produits précieux, l'encens, la myrrhe, et d'autres peu connus.

En Asie, à l'opposite de la mer Rouge, le sol et le climat ont une grande analogie avec le sol et le climat de la côte d'Aden. On y retrouve l'encens, mais le caféyer, le baumier de la Mecque, sont particuliers à la terre fortunée de l'Arabie. La canne à sucre, le cotonnier, le bananier, le figuier d'Inde, le poivre bétel y sont cultivés, le palmier latanier, le dattier, le cocotier y donnent leurs fruits. Parmi les arbres cultivés se trouvent l'abricotier, l'amandier, le figuier, la vigne, le cognassier, le palma-christi, le cassia séné, l'oranger, le sycomore. L'amaranthe, le lis blanc, le pancratium, l'aloës, le styrax, le sésame, croissent naturellement. Le blé, le millet, le dourra, l'orge, la fève, couvrent les champs.

Le dromadaire est indigène d'Arabie, ainsi que la gerboise ; le lion, le chacal, la panthère, les gazelles, l'autruche, vivent en Arabie comme en Afrique. L'âne et le cheval qui s'y sont acclimatés depuis des milliers de siècles, sont plus élégans et plus rapides que dans leurs contrées natales.

Dans l'Inde, la végétation ne change pas de type, mais elle devient abondante en espèces. *M. Ducler,* qui a dirigé avec succès pendant plusieurs années notre établissement de Karikal, sur la côte de Coromandel, en a rapporté plus de quarante espèces de grains lugumineux comestibles, et de nombreuses variétés de riz.

Les plus belles fleurs indiennes sont la précieuse rose de Kachmyr, les rosiers du Bengale, la rose blanche koundja, le kadtumaligu ou jasmin à grandes fleurs, l'atimuca du Bengale, la tschambaga parfumée, le moussend au blanc feuillage que rehausse l'éclat des fleurs d'un beau pourpre, l'ixore, le sindrimal, le nyctanthes-sambac, le nymphea bleu, le nagatalli redouté des serpens, le datura odorant.

Les végétaux utiles sont innombrables : le lin, le chanvre, le tabac, l'indigo, le jalap, la salsepareille, le cotonier, l'anis, le safran, le sésame, le pavot à opium, le poivre betel, le poivre noir, le poivre cubèbe, la canne à sucre, les bambous, le cocotier, le palmier aréka, le bananier, le figuier des bananians qui, à lui seul, est une forêt.

On y trouve aussi le pommier, le poirier, le prunier, le pêcher, l'amandier, l'oranger, le grenadier, l'abricotier, le mûrier, l'arbre à pain, le goyavier, le jambosier, le manguier, le mangoustan.

Dans les bois végètent des chênes, des sapins, des cyprès, des peupliers, des myrthes, des tamarindes, le teck, le ponna ou uvaria, le koru, le sagou, le dchissou, le nassaga ou bois de fer, l'azédarach, des robinia, du sandal rouge, des dracœna, des gommiers lacque et guttifer, des camphriers, des lauriers, canneliers, des bignonia, des guettardia, et le pandanus à l'odeur suave.

L'Inde abonde en singes cercopithèques, on y trouve plusieurs espèces de gibbons, des chauvessouris roussettes, le balisaur qui tient de l'ours et du porc, l'ours malais, l'ours gongleur, le pandaéclatant , le lion , le grand tigre royal , le chat du Bengale , le léopard , l'once, le guépard , des ichneumons, des coatis , des civettes , des écureuils de plusieurs espèces , des pangolins , le bœuf gour , le zébu , le buffle arni , des cerfs, des antilopes, des chevrotains, des sangliers , l'éléphant indien, le rhinocéros , un tapir , le bélier argali , la chèvre à duvet. Une foule de serpens , dont le plus commun est le naja ou serpent du dieu shiva. Des crocodiles gavials , des tortues , des grenouilles monstrueuses peuplent les eaux et les marais.

Pour les oiseaux , ils sont si nombreux qu'il faut renoncer à en dresser la nomenclature ; l'extrémité sud de la péninsule indienne , nourrit rien qu'en perroquets plus de cinquante espèces ; parmi les oiseaux particuliers à cette contrée , on distingue le mango , l'ibis blanc, l'ibis à tête noire , le petit oiseau de paradis , l'ardea géant , et une multitude de hibous.

Dans l'Indo-Chine , les plantes de l'Indoustan continuent à végéter , on y rencontre en outre , le sandal blanc , le bois d'aigle , le calophyllum , le nauclea , l'agalloche de la Cochinchine au feuillage pourpre en dessous , le turmeric colorant , le royoc, la lawsonie épineuse dont le bois est rouge , le sapan , le rhizophore , le pimelia huileux qui entre dans la composition du vernis de la Chine , le croton à la laque , le sébifère glutineux ou arbre à suif , le nerium anti-dyssentérique , le laurier

culilaban , le strychnos noix vomique , le tamarin ,
le litchy , le phyllodes placentaria , et l'amomum
galanga.

Les forêts de l'Indo-Chine servent de retraite à
l'orang-roux ; les autres animaux de cette contrée
sont ceux nommés plus haut.

La Chine méridionale produit la plupart des végétaux de l'Indo-Chine ; on y retrouve de plus ,
l'arbre à thé , le broussonetia ou mûrier à papier ,
les camélias , le schi-schu ou arbre au vernis , le
thuya oriental , l'hibisque rose de Chine et l'hibisque changeante , les rosiers thé , des pins , des
mélèzes et plusieurs saules.

La Malaisie ou Polynésie , et en général toute
l'Océanie , jouissent d'une végétation merveilleuse.
Dans l'archipel malais s'élèvent l'élœocarpus aux
fleurs élégantes , le cussonia à fleurs en thyrses ,
le canarium commun , l'averrhoa carambola , l'agati
à grandes fleurs , l'abroma , l'érithrine arbre de
corail , le muscadier , le giroflier , les poivriers ,
le camphrier , le cotonnier , le gingembre , la
canelle , l'areck , le sagoutier , le gambir , le rotang , le bambou , le manguier , l'eugénia , le bananier , le jaquier , le goyavier , le tamarinier , le
papayer , le dourian , les bohon-oupas , la rienziana
utile contre l'affreux choléra , l'ampiampi , le pandanus , etc.

Dans les îles océaniques poussent en abondance :

le jaquier arbre à pain, le cocotier, l'inocarpus châtaigne, les mimosa, les bambous, des fougères en arbre, le palmier parasol aux feuilles immenses, le tacca pinnatifide, la canne à sucre spontanée, le massenda, l'abrus à chapelet, le sandal, le spondias pomme d'évi, le vaquois, le kavoua, le poivrier methysticum, le gossipium religiosum, espèce de cotonnier, l'héritiera, le barring-tonia, le caryota urens, les cycas, etc.

A la Nouvelle-Hollande, la botanique offre les formes les plus élégantes ; on y trouve les métrosideros, les mélaleuca, les mimosa à feuilles étroites, le xanthorea, le casuarima, le dacridium aux fleurs microscopiques, le cédrela austral, ou cèdre rouge, le castanospermum, le caladium à racine charnue, l'hibisque hétérophyle, le flindersie austral, le céphalotes, plante dont les feuilles en forme de coupe sont toujours remplies d'eau. Enfin, l'immense eucalyptus haut de deux cents pieds, au feuillage si léger qu'il ne donne pour ainsi dire pas d'ombre. Les protea, les epacris, les caustis, les restiacées croissent au pied de ces grands végétaux.

Les forêts de Kalamatan ou Bornéo, de Soumâthra, récèlent l'orang-roux, le pongo à tête pyramidale, des gibbons, des éléphans, les rhinocéros unicornes et bicornes, le tapir maïba, le tigre, le léopard, le chat arimaou, des buffles, l'ours malais , le chevretain , les jolies gazelles naines pelandok et kantchil , le sanglier babiroussa , le bœuf zébu , la grande roussette , l'écureuil tagouan , et les galéopithèques qui tiennent du singe par leurs formes et de la chauve-souris par leurs ailes.

Dans les îles Papouas , on voit d'immenses troupes de babi-houtan , ou sanglier papou , des dasyures , etc.

Les kangarous, les phalangers , koalas , phascolomes , animaux à poches , peuplent l'Océanie et la Nouvelle-Hollande qui possède encore l'échidné , et l'ornithorinque , quadrupèdes mammifères en apparence , quoiqu'ovipares selon toute probabilité.

Les oiseaux sont encore à l'infini dans ces îles. On y trouve les mégapodes, le kasoar, des faisans argus, l'angang ou oiseau rhinocéros, des perroquets, des lorris, des perruches, des kakatoës blancs et noirs, des oiseaux de paradis, entre autres le superbe dont on fait des aigrettes d'un haut prix ; l'oiseau papoua au plumage azuré, le maïnat-maïnou, dont les plumes brillent d'un bleu métallique et la queue d'un jaune d'or brillant, le maïnant-gracule, qui prononce mieux que le perroquet, le loriot-prince régent, varié de jaune d'or et d'un beau noir velouté, enfin des martins-pêcheurs, des moucherolles, des kalaos, des cassicans, l'héorotaire aux plumes d'un rouge foncé, des merles, des colombes vertes, le coucou de Maïndanao, qui semble un damier volant, et l'épimaque royal dont le plumage réunit l'émeraude, le rubis, le jais et le saphir.

La zône équatoriale américaine possède des espèces végétales et animales, différentes des espèces qui habitent les terres tropicales de l'Afrique et de l'Asie, mais ces espèces sont empreintes de caractères semblables ; c'est une nature analogue quant à l'organisation, dont les seules différences portent sur des nuances toutes extérieures. Ainsi les palmiers et les bananiers peuplent également l'Amérique méridionale, et une de leurs espèces, le ceroxylon andicola, faisant exception à la loi générale, s'avance dans les Andes à une limite hors de la température habituellement nécessaire aux individus de cette famille. Autour des palmiers se développent des héliconia, des théophrasta, le baumier de Tolu, et des cinchona, qui fournissent le précieux quinquina. Les cactus donnent une physionomie particulière à la végétation sud-américaine, cependant ils ont quelques analogues en Afrique et en Asie. Sur les versans du plateau des Andes on trouve plusieurs espèces de cinchona, des liliacées, entre autres, le cypura, le sysyrinchium ; on y voit aussi des mélastomes, des passiflores en arbres hauts comme nos chênes, des thibaudia, des fuschia, de majestueux macrocuemum et lysianthus. Dans les replis du terrain se cachent à l'ombre, sur le bord des eaux, le gunnera, le dorstenia, des oxalis et une multitude d'arum. En escaladant les Andes, la végétation change et se rapproche de celle des climats tempérés; arrivé à cinq mille deux cent trente-deux pieds au-dessus du niveau de l'Océan, on rencontre le porlieria, le citrosma, les symplocos et quelques mimosas; à huit mille quatre pieds commence la région des acæna, dichondra, hydrocotyles, nerteria, alchemilla. Là finit la région des chênes, dont les troncs sont souvent enlacés par l'epidendrum vanille. A dix mille sept cent soixante-seize pieds on ne trouve plus que des arbrisseaux, des berberis, duranta, barnadesia, des daturas en arbres A quatorze mille cent soixante pieds cesse toute végétation, hormis celle des mousses et des lichens.

A la base du plateau des Andes, dans les plaines et les vallées, vivent le jaguar, le couguar, qui sont les représentans des lions et des tigres de notre zone torride; les cavia, les fourmiliers, les singes alouates, les atèles, les sapajous, et autres hélopithèques, des géopithèques et des arctopithèques. Là se trouvent encore les immenses boas et les crocodiles-caïmans. Plus on s'élève, plus les espèces animales, comme nous venons de le voir pour les végétaux, s'éloignent du caractère des animaux torridiens. A trois mille soixante-dix-huit pieds, les chats, les boas ont disparu; il s'y trouve encore quelques singes, mais beaucoup de tapirs, de chats margay, de sangliers tajassu. A six mille cent cinquante-six pieds, il ne reste plus de singes. c'est la région du cerf mexicain, de l'ocelot, des ours et du grand cerf des Andes. A neuf mille deux cent trente-quatre pieds vivent l'ours à front blanc, le chat puma et des civettes. A douze mille trois cent quatre-vingt-dix pieds paraissent les troupes nombreuses de lamas, de vigognes, de guanacos et d'alpagas, et le condor ou vautour gryphon plane dans les airs.

La végétation des Andes du Chili, n'est pas parfaitement connue, parce que les botanistes ne l'ont pas étudiée; on sait seulement que les pentes des montagnes sont couvertes d'arbres magnifiques dont le bois est odoriférant, et qui paraissent être des cèdres. Un missionnaire fit avec le bois d'un seul de ces arbres une église de plus de soixante pieds, il en tira les poutres, la charpente, les lattes, tout le bois nécessaire pour les portes, fenêtres, autels, et deux confessionnaux. Deux espèces de myrtes parviennent à une hauteur de quarante pieds, les oliviers acquièrent neuf pieds de circonférence; les herbes cachent le bétail dans les vallées. On récolte dans les jardins des pommes de la grosseur de la tête, et des pêches qui pèsent une livre. Le Chili nourrit une espèce de castor qui ne bâtit pas comme celui du nord; une loutre, un écureuil et le précieux chinchilla sur le haut des Andes. Une espèce d'insectes y étend sur les arbres aromos de vastes réseaux de fils soyeux, blancs et brillans comme de l'argent ; les feuilles des cactus y servent d'habitation à la cochenille.

Si nous descendons des plateaux vers les plaines basses et chaudes, les bambous, les souchets, les hautes graminées, les fougères, les palmiers, toutes les plantes tropicales reparaissent ; les rivages se couvrent de palétuviers, les collines de crotons, de bignonia, de passiflores, d'acajou, de guira-pariba, d'iccia à sept feuilles, de copahu, de jacas, de couroupitau, dont les fruits ressemblent a des boulets de canon pour la forme et la dureté : les aloès, les lianes, les buissons épineux embarrassent les forêts. A la Guyane, on trouve le wourara, arbre à poison non moins dangereux que les oupas de la Malaisie, le *licaria* ou bois de rose, le bagassier, les panax, le faramier, l'ourrate, le mayèpe qui répandent au loin une odeur balsamique, des magnolias, des tulipiers, le patavoua qui peut abriter une maison sous son feuillage, le vouay dont les grandes feuilles servent à couvrir les habitations.

Dans les forêts de ces plaines basses vivent des milliers de singes, tous différens de ceux de l'ancien monde, les uns se balancent suspendus par leur queue qui est pour eux une cinquième main ; les autres, armés d'ongles tranchans conformés comme ceux des ours, se réfugient sur les cimes les plus élevées, où le peu de pesanteur leur permet de s'y ébattre en sûreté; d'autres, faibles, mais pleins d'instinct, vivent cachés dans les buissons, les troncs creusés par le temps, les cavités du sol. Ces êtres servent de pâture au jaguar, au couguar, à l'eyra, à l'yaguorundi, tigres et panthères d'Amérique. Les forêts recèlent encore des tapirs, des fourmiliers tamandua et tamanoirs, des coatis , des mouffettes, des gloutons, des sarigues, des des agoutis, des cobayes, des cabiais, des cerfs , chevreuils, etc. Les hautes herbes cachent les boas, les serpens à sonnettes, et les eaux sont les retraites des terribles alligators et caïmans.

Les oiseaux sont du plus beau plumage , il suffit, pour en donner une idée de nommer les colibris, les oiseaux-mouches, les aras, les perroquets, les cotingas, etc. Tel est, en résumé, l'esquisse des productions de la zone torride, résumé bien succinct, car la nomenclature complète des végétaux et des animaux de cette zone, formerait à lui seul un volume.

Végétaux et animaux des zones tempérées.

La zone tempérée n'a pas été aussi favorisée que la région centrale du globe, surtout la zone tempérée boréale ; car dans celle de l'hémisphère opposée les végétaux équatoriaux s'avancent beaucoup plus loin. Ainsi, à la Nouvelle-Zélande, qui est à peu près à la même latitude que Paris, on trouve encore un dracœna, plante organisée comme les palmiers; les autres végétaux importans sont : le phormium tenax, qui donne le plus beau lin du monde, le podocarpus, le dacridium, le phyllocladus, et plusieurs autres qui n'ont pas encore reçu de nom des botanistes, tels que le demou, le karaka, le maï-tao, etc. Cette terre a donné à l'Europe un excellent légume vert, la tétragone ou épinard de la mer du Sud. Les animaux de la zone tempérée australe, sont des cochons et des chiens dans l'intérieur des terres; sur les côtes, des phoques; au large quelques baleines, dauphins et cachalots. Les oiseaux sont nombreux, surtout les oiseaux de mer, tels que les pétrels, les manchots, les albatros, les oies et les pinguoins.

Dans la zone temperée boréale, nous trouvons les palmiers, les bananiers vers la limite des régions tropicales en Amérique, en Perse, en Syrie, en Grèce, où ils sont déjà rares; mais cette zone est la patrie des chênes, des peupliers, des érables, des hêtres, des ormes, des tilleuls. La vigne, l'olivier, les pommiers, poiriers, cerisiers, pruniers, abricotiers, pêchers, amandiers, noyers, châtaigniers, en sont indigènes. Les bouleaux, les sapins, les arbres verts y vivent d'autant mieux qu'ils s'avancent davantage vers la zone glaciale. Les végétaux comestibles sont nombreux dans cette zone : les pois, haricots, asperges, le

chou, les raves, les navets, les fèves, les lentilles, les épinards, les artichauts, les oignons,
s'y plaisent dans toute son étendue. Les céréales
de cette zone sont : le blé, le seigle, l'orge,
l'avoine, le maïs, le millet. En Europe, en Asie
et en Amérique, la végétation de la zone tempérée a partout le même aspect, le même port ;
elle se distingue par l'éclat de sa verdure, les
plantes appartiennent aux mêmes genres, elles ne
diffèrent que par les espèces.

Parmi les animaux de cette zone, le chameau
à deux bosses est originaire de la Bactriane et
des terrains sablonneux de la haute Asie ; le cheval
et l'âne, répandus aujourd'hui partout, sont indigènes des steppes sablonneuses asiatiques, où on
les trouve encore à l'état sauvage. Le bœuf, vu
son utilité, a été réduit en domesticité et acclimaté depuis le nord jusqu'au sud ; il diffère des
espèces dont j'ai fait mention au nombre des animaux de la zone torride ; dans le climat tempéré
américain, le bison n'est pas de l'espèce de nos
bœufs, qui descendent de l'urus des antiques forêts
germaniques. Le moufflon, la chèvre, le bouquetin,
le chamois, le cerf, le daim, le chevreuil, se
trouvent dans toute l'Europe ; l'Amérique a des
espèces semblables particulières, et de plus l'élan,
qui lui est commun avec l'Europe. L'ours brun
appartient à notre continent, le noir et d'autres
espèces à l'Amérique. Le renard commun s'est

répandu dans la partie de la zone tempérée qui
se prolonge en Europe et en Asie ; il en est de
même du blaireau, du lièvre, du lapin ; l'Amérique a encore des espèces analogues mais particu-
tières. Le lion, la panthère, le chacal, les lynx,
se trouvent en Asie et en Afrique, dans les cantons
limitrophes des terres intertropicales. Les écureuils,
la tribu immense des rongeurs est aussi répandue
sur toute la surface du globe comprise dans l'hémisphère nord, entre la zone tropicale et la zone
polaire. L'yack, le chevrotin porte-musc, quelques
singes se trouvent dans cette zone, en Asie seulement ; la loutre et le castor se partagent l'Europe,
l'Amérique et l'Asie.

Les passereaux, surtout les moineaux, alouettes,
rossignols, pinsons, chardonnerets, bouvreuils,
pies ; les hirondelles, les faisans, les cailles, perdrix, pigeons ; l'aigle, l'épervier, les chouettes, les
grues, les bécasses, etc., etc., peuplent les champs
aëriens dont la zone tempérée, les eaux y abondent
en poissons, moins brillans et moins nombreux
cependant que dans les eaux tropicales.

Végétaux et animaux des zones glaciales.

Sous le ciel sévère et âpre des régions polaires,
la vie semble s'éteindre ; le nombre des espèces
végétales et animales est excessivement borné, les
formes s'altèrent, la taille s'étiole et se rapetisse.
Au-delà du cercle polaire, les mousses, les lichens, les fougères, les champignons abondent,

mais on ne voit d'arbres que quelques bouleaux et des saules qui ne s'élèvent qu'à deux ou trois pieds ; les arbustes à baies, tels que les vaccinium, les groseillers, y sont nombreux. Le seigle et quelques légumes végètent encore dans ce climat ingrat.

Les animaux de la zone glaciale, sont : l'ours polaire ou blanc, le renne, le glouton ; le renard bleu ou isatis, le rat lemming, des loutres, des martes, surtout la zibeline et l'hermine, de nombreux phoques, la baleine et le cachalot. Ces deux espèces de cétacés, autrefois nombreux dans nos mers du nord, ont été presque entièrement détruites par les pêcheurs ; ou bien, fuyant devant l'homme, elles se sont retirées au milieu de retraites glacées où nos vaisseaux ne sauraient les atteindre, c'est dans l'hémisphère austral, aux extrémités les plus reculées du globe, qu'il faut aujourd'hui chercher les baleines en affrontant les tempêtes et les dangers sans nombre de ces mers lointaines.

Des races humaines.

L'écriture sainte nous enseigne que tous les hommes descendent d'un même père et d'une même mère ; cependant, nous voyons aujourd'hui une si grande diversité parmi les membres de la famille humaine, que l'on est tenté d'admettre au premier abord plusieurs créations. Quelques naturalistes du

plus profond mérite n'ont même pas hésité d'ensei-
gner que chaque partie du globe terrestre avait eu
une ou plusieurs créations humaines. Cette doctrine
n'a rien qui puisse tendre à rabaisser la puissance
divine, mais comme elle est contraire à la révélation, il faut, avant de prononcer sur une si
grave question, examiner si quelques influences
extérieures ne suffisent pas pour modifier tellement
l'organisme humain, qu'elles n'aient pu déterminer
les différences qui forment aujourd'hui les races. Or,
ces influences extérieures sont nombreuses, et parmi
les principales se trouvent le climat et les habitudes de la civilisation.

S'il y avait plusieurs races diverses d'origine, on
verrait des nuances très-tranchées dans le caractère
moral, dans les passions des hommes, nuances aussi
profondément empreinte et aussi distinctes que celles
qui naissent de l'organisation physique. Cependant
l'homme est partout le même moralement. Sous
toutes les latitudes, sous toutes les zones, ce sont
toujours les mêmes passions, les mêmes mobiles
d'action, variés seulement en raison du développement plus ou moins grand de l'intelligence, développement dont l'état de civilisation est la cause
déterminante.

Si l'on examine de bonne foi les faibles modi-
fications d'organisme que l'on trouve parmi les peuples des cinq parties du globe, on conviendra qu'elles
sont trop légères pour en faire les caractères

distinctifs de genres divers ; de tels caractères seraient rejetés s'il s'agissait de plantes ou d'animaux, on ne les considérerait que comme établissant de simples variétés. Pourquoi l'esprit de système regarde-t-il comme caractères suffisans, quand il s'agit de l'homme, ce qu'il rejetterait s'il s'agissait d'êtres d'un autre ordre ?

La couleur de la peau, la manière d'être des cheveux, ce sont là les nuances les plus tranchées sur lesquelles on s'appuie. Le climat seul suffit pour les produire. Le froid excessif et la chaleur brûlante modifient à peu près de même la peau humaine et lui donnent la teinte noire ; voilà pourquoi le nègre se trouve dans les sables de l'Afrique, et pourquoi aussi l'homme polaire a la peau très-foncée. C'est une action analogue à celle de l'exposition de notre corps à une forte chaleur, ou à un froid excessif, dont la brûlure, si l'on peut parler ainsi, est le résultat. Un membre exposé au feu ou au froid de plus de soixante degrés au-dessous de zéro, éprouve la même sensation, la même désorganisation. Une preuve que la chaleur intense, produit la nuance noire de la peau, c'est qu'au royaume de Loango, dans le Congo, il existe une peuplade juive devenue *nègre*, qui a conservé sa langue maternelle, sa religion et ses usages. Là, comme sur le reste du globe, elle vit isolée et sans s'allier aux races qui l'entourent. Dans notre Europe, en examinant la physionomie des peuples, nous pouvons nous convaincre de l'influence de la civilisation sur les caractères physiques de l'homme ; qui ne saurait à la première vue reconnaître un Anglais, un Espagnol , un Russe ? L'Anglais surtout a un caractère particulier , c'est l'alongement de la mâchoire inférieure , et la disposition des dents , dus à la fréquente prononciation du *th*.

Il n'y a eu qu'une seule création humaine ; en cela , comme dans tout le reste , la Genèse est d'accord avec les faits scientifiques observés de bonne foi , et hors de l'influence de tout esprit de système. La race humaine, par suite de la longue action des climats sur son organisme, par suite encore de l'état de civilisation si varié parmi les diverses sociétés , forme plusieurs variétés distinctes , à chacune desquelles on peut considérer des branches subdivisées en familles de peuples.

On peut facilement établir sept variétés humaines : 1° L'Indo-Européenne ; 2° l'Indo-Chinoise ; 3° la Mongolique ; 4° la Malayou ; 5° l'Ethiopique ; 6° l'Arctique ; 7° la Papoua.

La variété Indo-Européenne est ainsi nommée , parce qu'elle s'est répandue primitivement de l'Inde jusqu'en Europe. Ses caractères physiques sont : la peau naturellement blanche , mais se nuançant de brun à l'action des rayons solaires , un crâne plus large d'avant en arrière que de droite à gauche et formant dans la première direction une courbe régulière ; le front large , par suite du grand développement de l'intelligence.

En considérant ensuite les divers systèmes de langues des peuples Indo-Européens , on peut les rapporter à trois branches et huit familles : 1° branche orientale subdivisée en famille zend et famille araméenne : 2° branche pélasgique , subdivisée en famille caucasique et famille pélasgo-italique ; 3° branche Indo-Germanique subdivisée en famille indoue , famille gallique , famille slave et famille teutonique. Toutes les langues parlées par les peuples de cette variété , sont polysyllabiques , elles peuvent se rapporter les unes au sanscrit , les autres à l'araméen ou idiome sémitique.

La variété Indo-Chinoise habite depuis l'Inde jusqu'à la grande muraille de la Chine : on la reconnaît à sa peau jaunâtre ou d'un blanc de cire mat , à ses yeux obliques relevés par leur angle externe et fortement bridés par un repli de la peau , à ses pommettes saillantes , son crâne arrondi et saillant latéralement. Les langues indo-chinoises sont toutes monosyllabiques , et s'écrivent en caractères indéologiques , c'est-à-dire représentant des idées et non des sons. Les peuples indo-chinois sont : les Chinois , les Thibétains , les Siamois , les Birmans de Pégou et d'Ava , les Cambodgiens et les Tonquinois.

La variété Mongolique , dominatrice de l'Asie orientale-septentrionale et du plateau asiatique, a la peau d'un jaune brun, le crâne arrondi, la face large, les yeux obliques et tellement écartés l'un de l'autre qu'il y a entre eux la largeur de trois travers de doigt. Les Mongols d'Asie ont les extrémités inférieures grosses, courtes et arquées. Les langues mongoliques sont polysyllabiques. Les Japonais et les Koréens sont un mélange de Mongols et d'Indo-Chinois ; les Mantchous proviennent de Mongols et d'Indo-Germains, leur langue est riche en monumens littéraires, elle renferme des racines sanscrites, grecques et teutoniques.

Ce n'est pas l'Asie seulement que les Mongols ont peuplé, mais encore une partie de l'Amérique. Les Atzèques, les Acolhues, les Toultèques, les Chichimèques, les Zaques, les Péruviens, les Botocudos, sont des Mongols. Les Toultèques sont évidemment des émigrés de Sibérie, d'où un peuple inconnu a disparu lors des migrations des Hiong-nou, et a laissé des monumens semblables à ceux du Mexique. Les Chipiouans conservent des traditions de leur sortie d'Asie. Georges de Horn, dans son livre *de originibus Americanis*, avance, et non sans quelques preuves, que Manco-Capac, était un prince chinois, qui s'était exilé avec plusieurs milliers de ses sujets pour éviter le joug du tartare Kublaï-kan.

La variété Malayou paraît être le résultat d'un mélange des Indo-Chinois et des Indo-Européens, aussi la forme du crâne des Malais tient-elle le milieu entre la forme du crâne des hommes des deux variétés indo-européenne et indo-chinoise. Les nuances de la peau des hommes de la variété Malayou sont nombreuses à cause de la diversité des climats, elle passe par plusieurs teintes depuis le brun clair presque blanc, jusqu'au rouge cuivreux. La variété Malayou peuple la Malaisie, la Micronésie, la Polynésie et l'Amérique où elle a formé les tribus à peau rouge.

On reconnaît les hommes de la variété Ethiopique, à la couleur noire de leur peau ; cette couleur n'a pas cependant une teinte uniforme, et elle est d'autant plus foncée que les Ethiopiens sont plus près de l'équateur ; une nouvelle preuve de l'influence de la chaleur sur sa production, c'est que les montagnards Abyssins sont parfaitement blancs. La cause de la couleur réside dans le tissu muqueux de la peau, l'abondance du calorique qui pénètre cette membrane sous la zone torride, quand les rayons solaires sont réfléchis par un sol sablonneux, détermine dans le sang l'afflux du carbone et de l'hydrogène, et la peau étant le centre le plus actif de sécrétion dans ce climat, c'est dans son tissu que ces substances se déposent, et elles s'y fixent par une sorte de précipitation.

La variété Ethiopique se divise en trois branches : 1° la branche nègre à la peau très-noire et aux cheveux laineux et crépus ; 2° la branche cafre, à la peau d'un noir grisâtre, qui se compose des Cafres et des Hottentots ; 3° la branche abyssine dont la peau est noire, mais les cheveux longs et presque soyeux.

Les hommes de la variété Arctique, sous les noms de Kamtchadales, Lapons, Ostiaks, Groënlandais, Esquimaux, habitent autour du pôle arctique ou pôle nord. Ils ont un crâne très-convexe, des cheveux d'un brun roux, le visage large et plat, la peau d'autant plus noire qu'ils habitent une latitude plus élevée.

La variété Papoua est moins nombreuse et moins répandue que les autres ; reléguée dans quelques îles de la Malaisie, dans la Papouasie et dans l'Australie, elle se distingue par la teinte noire grisâtre de sa peau, par le volume énorme de sa chevelure et dans une de ses branches par le peu de développement des extrémités inférieures. Cette variété se subdivise en deux branches, la Mélanésienne et l'Endamène. Les hommes de la branche Mélanésienne sont bien conformés, leur physionomie est régulière, elle ressemble à celle des Indo-Européens ; ils habitent la Nouvelle-Guinée et les îles voisines. Les Endamènes sont répandus dans l'Australie, la terre de Van-Diémen, et l'archipel Endamen du golfe de Bengale ; ils sont plus faibles que les peuples mélanésiens, leur visage est plat et désagréable, leurs membres inférieurs, minces et hors de proportion avec la poitrine et les membres supérieurs.

A ces sept variétés, on rapporte aisément tous les peuples du globe, en les disposant par familles, dont les rapports de langage déterminent les différens groupes.

Conclusion.

Après avoir esquissé l'ensemble de la création du globe terrestre, si nous nous demandons quel est le but d'un si admirable et si imposant ouvrage, nous n'hésiterons pas à dire qu'il a l'homme pour objet.

Tout dans son ensemble se rapporte à l'homme qui en est comme le centre et le dominateur. Seul, parmi tant d'êtres, il possède l'intelligence; seul, il peut comprendre la cause première de son existence et pénétrer une partie des lois qui la régissent, il peut s'expliquer celles qui gouvernent la nature. Seul encore il peut habiter le globe entier, son organisme se plie à l'influence de tous les climats. La création végétale et la création animale n'ont d'autre raison que d'entretenir sa vie, embellir son séjour, fournir à ses besoins.

Donner à l'homme des alimens, des remèdes à ses maux, assainir l'air, déterminer la chute des pluies fertilisantes, voilà le rôle de la création végétale.

Limiter la reproduction des végétaux et favoriser l'équilibre dans le nombre de leurs espèces; maintenir également l'équilibre entre les espèces animales, travailler à conserver la composition chimique de l'air, donner à l'homme des alimens et de dociles esclaves, voilà le but de la création des animaux.

L'homme ne pouvait vivre sur une terre nue et stérile, les végétaux furent donc créés. Tous les climats ne peuvent convenir aux mêmes plantes, il y eut donc des végétaux propres à chaque température, et leur diversité fut un des principaux ornemens du globe.

Mais les végétaux ont besoin d'acide carbonique pour maintenir leur existence, et l'acide carbonique autrefois abondant avait presque entièrement disparu de l'air; certaines espèces vivant en société auraient fini par absorber des espaces immenses au détriment des autres. Il y eut donc des animaux herbivores dont la mission fut de favoriser le renouvellement et la succession des espèces végétales. Puis, comme ceux-ci auraient pu eux-mêmes se multiplier à l'infini, et détruire la végétation qu'ils devaient protéger, il y eut des animaux carnivores.

Animaux et végétaux travaillèrent à maintenir l'équilibre de composition de l'air, les premiers, en versant dans l'atmosphère, par leur respiration, des torrens d'acide carbonique; les seconds, en s'emparant de l'acide carbonique pour le décomposer, retenir le carbone indispensable à leur existence et reverser de l'oxigène pur qui remplace celui que la vie animale s'approprie.

Les poissons doivent exercer dans les eaux une action à peu près semblable.

Vinrent aussi les légions immenses d'insectes, qui détruisent les substances animales et végétales en décomposition, et anéantissent ainsi des foyers d'infection qui deviendraient funestes aux êtres vivans.

Dans l'âge primitif, le nombre des animaux était bien plus considérable qu'aujourd'hui ; partout où l'homme se multiplie et déploie l'activité de son intelligence, ils disparaissent devant lui, parce qu'ils deviennent inutiles. Une époque viendra où l'homme, par son industrie, aura fécondé jusqu'au dernier recoin de la terre ; alors une multitude de races animales disparaîtront du globe, car leur mission sera terminée.

C'est ainsi que Dieu a tout enchaîné, tout équilibré, qu'il a subordonné les unes aux autres, toutes les parties de son œuvre. Adorons et humilions-nous devant sa sagesse infinie. **O ALTITUDO !**

FIN.

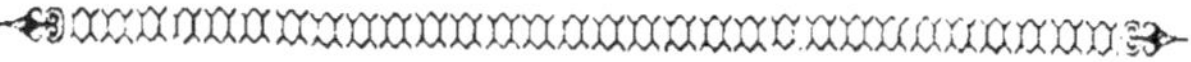

TABLE DES MATIÈRES.

CHAPITRE TROISIÈME.

Goyavier. — Jambosier. — Teck. — Sakou. — Nassaga bois de fer. — Sandal rouge. — Gommier lacque. — Arbre à gomme gutte. — Bignonia. — Pandanus. — Animaux. — Singes cercopithèques. — Gibbons. — Roussettes. — Bali-saur. — Ours malais. — Ours jongleur. — Panda éclatant. — Tigre royal. — Pangolins. — Bœuf gour. — Bœuf zébu. — Bœuf arni. — Chevrotains. — Eléphant. — Tapir. — Argali. — Reptiles. — Serpent naja. — Gavials. — Oiseaux. — Mango. — Ibis blanc. — Petit oiseau de Paradis. — Ardea géant. — Végétaux de l'Indo-Chine. — Sandal blanc. — Bois d'aigle. — Calophyllum. — Nauclea. — Agalloche. — Turmeric. — Royoc Lawsonie épineuse. — Sapan. — Rhizophore. — Pimelia. — Croton à laque. — Sebifère glutineux. — Nerium anti-dyssenterique. — Strychnos noix vomique. — Litchi. — Phyllodes placentaria. — Amomum galanga. — Végétaux de la Chine méridionale. — Le thé. — Le broussonetia. — Les camellias. — Le schi-schu. — Le tuya oriental. — L'hisbique rose de Chine. — L'hisbique changeante. — Les rosiers thé. — Végétation de la Malaisie. — L'élœocarpus. — Le Cussonia. — Le Canarium. — L'averrhoa carambola. — L'agati. — L'abroma. — L'arbre de corail. — Le muscadier. — Le giroflier. — Les poivriers. — Le cotonier. — Le gingembre. — L'Areck. — Le gambir. — Le Rotang. — L'eugénia. — Le papayer. — Le dourian. — La rienziana. — L'ampi-ampi. — Le pandanus. — Végétaux de l'Océanie. — L'arbre à pain. — L'inocarpus châtaigne. — Les mimosa. — Les fougères en arbres. — Le palmier parasol. — La taca pinnatifide. — Le massenda. — L'abrus à chapelet. — Le sandal. — Le spondias. — Le vaquois. — Le kavoua. — Le poivrier methysticum. — Le gossipium religiosum. — L'héritiera. — Le barringtonia. — Le caryota urens. — Les cycas. — Végétaux de l'Australie. — Les métrosidéros. — Les mélaleuca. — Le Xanthorea. — Le casuarina. — Le diacridium. — Le cédréla. — Le castanospermun. — Le caladium. — L'hibiscus à racine charnue. — La flindersie australe. — Le céphalotes. — L'eucalyptus. —

FIN DE LA TABLE.

LIMOGES ET ISLE, Impr. Martial Ardant Frères.

9 782329 280417